街头拾味

东京超人气美食

[德] 汤姆·范登堡（Tom Vandenberghe） [捷克] 卢克·蒂丝（Luk Thys） 著

[日] 涉谷美穗（Miho Shibuya）　[日] 梶朋子（Tomoko Kaji）

余盈 译

U0321865

华中科技大学出版社
http://www.hustp.com

有书至美
BOOK & BEAUTY

中国·武汉

目录

6　前言
10　关于作者
12　关于本书
15　地点（附提前预览）
15　东京
16　大阪
18　福冈
19　其他城市

汤姆的故事
21　拉面任务
44　京都的居酒屋
62　日本的团队精神
75　福冈：猪骨拉面的圣地
84　拉面店
114　在路上
137　一直吃，直到吃不动
180　东京"美食趴"
192　主厨的餐桌

朋子和美穗
24　美食与无尽的欢笑
33　味噌
100　便当
107　清酒与烧酒
133　御好烧：广岛烧和大阪烧
142　商店街
164　居酒屋与立饮屋

基础食材
196　出汁
198　煮米饭
199　寿司饭，鲣节盐
200　鸡汤，蔬菜拉面汤
202　酱油腌鸡蛋，腌竹笋，饺子蘸汁
203　叉烧，香菇海苔黄油，炸猪排酱汁
204　盐味酱，担担面酱汁，味噌酱汁，青酱
206　蜜红豆

208　日语
210　地址
214　索引

前言

说起日本的街头美食，你不必一下就想到街头巷尾和广场中的小吃车，又或者是路边摆放的大排档似的桌椅。日本是全世界拥有最多米其林餐厅的国家，而其中大多数的米其林餐厅与寿司、刺身有关，当然，米其林餐厅也可能还存在于街头小吃中。但是这个概念本质上是不对的，因为寿司曾经就是街头小吃，你可以在屋台（译注：屋台是日本传统街边的小吃店，类似于流动餐车，餐车外部用布帘或者塑料帘遮挡）或者流动小吃摊中找到它的身影。

现在，你仍可以在宗教（主要是佛教和道教）节日和大型盛会中找到这些传统又美味的屋台。它们依然是很受人们欢迎的，且最吸引众人目光。但比以上这些更为重要的是，街头小吃在日本的公众生活中并不常见。在日本的大街上，似乎当众就餐是不合时宜的，所以人们都会最大限度地远离人群，在僻静的地方就餐，比如可以是街头巷尾，或者是靠近车站的铁道桥下。一旦你找到了这样的地方，你就会发现一种非常放松又便宜的就餐方式——它能让你和当地人有更多的交流，从而让你更近地贴近日本当地的文化。

我只要想起日本，就仿佛会闻到最特色的"出汁"的味道。出汁，是由鲣鱼片制作的高汤。鲣鱼（金枪鱼的一种）被煮制、多次烘烤至干燥，并经历霉变发酵的过程，从而形成了"鲣节"，也被称为"枯节"。人们用专业削片器将枯节削成薄片，制成了鲣鱼片。如果让我说最能代表日本的食物，我想一定是出汁，它远胜过寿司和刺身。你可以在任意一个超市买到鲣鱼片，并用它制作高汤和蘸汁。在世界上的其他地方，你不可能找到鲣鱼片气味的食物。出汁，绝对是日式料理的精华所在。

如果提问世界上任何一个国家的厨师，外出就餐的首选国家是哪里，十有八九的厨师都会说"日本"。因为不管是日本料理本身，还是外界对其的影响，都体现了其独一无二的特性。说到外界的影响，最明显的是来自亚洲的其他国家：比如拉面最早是源于中国，大米和酱油是经由韩国传入日本。英国水手带来了印度的马德拉斯咖喱，法国人让可乐饼在日本家喻户晓，葡萄牙人也在日本料理的发展史上留下了印记。他们带来了天妇罗、面包以及各式各样的甜点。日本有四大岛：北海道、本州、四国和九州，它们拥有不同的气候带：从最北端的寒冷的北海道到南部亚热带的九州。当然，不同的气候造就了多种多样的具有当地特色的烹调手法。

日本料理，亦称作"和食"，已被列入联合国非物质文化遗产，这是毋庸置疑的。日本的餐厅通常只专营一项料理，这也成为其优势。一个真正的餐厅老板只会专注于餐厅这一项业务。在某些时候，餐厅老板甚至一生都在为经营一家好餐厅而拼尽全力。在日本，"匠人"，或者是"职人"，通常是对他们最高的评价。

日本的餐厅看上去是错落层叠，而且经常没有英文招牌，所以这些餐厅通常不太容易成功就餐或者说不太好找。一栋5层的建筑可能会有

10个不同的餐厅，每个餐厅仅为两个斯诺克台球桌的大小，只能容下十几个人就餐。在日本，空间稀缺。但是这些让厨师更便利：厨师宁可要12个座位而不是24个，这样他们就能最大限度地满足顾客的需要，并提供高品质的服务。

日本人对整洁和风格有着独特的见解。他们外表看起来就像从盒子里走出来一样——干净、统一。他们对平衡以及完美的追求就诠释了市面上可见的主流的餐厅。但是让日本料理如此别具一格的原因在于他们对细节的追求。当然，烹饪包含了所有的细节。对菜品的描述，娴熟的经验以及一些限量珍贵的菜品正是日本餐厅与众不同之处。通常，这还与呈现菜品的器皿以及时令餐单息息相关。

除了精致的菜肴，最时髦的餐厅通常并没有在外挂有招牌，你可以身着便装，以一种放松的方式就餐。在东京这样高端的、未来主义的城市，屋台或者流动小吃车逐渐被弱化了，但是至今它们仍然数量可观，并扮演着重要的角色。盖饭、乌冬面、荞麦面、烤串或者炸猪排都是极具代表性的经济午餐。最具日本特色的要数立食屋了，在这里，你可以站着吃到惊人的美味。居酒屋是一个门槛低的、可以放松吃喝的极好去处，和供应塔帕斯（注：西班牙的一种佐酒小食）的酒吧极为类似。如果这还不能满足你的口味的话，火车站和交通枢纽还为旅客提供了盛宴：绚丽多彩的便当简直让人眩晕。如果你还想更"冒险"一点儿，市场和商店街还会贩卖多到难以置信的街头小吃，那里有熟食店、可乐饼屋、豆腐店和时髦的面包房。便利店，诸如7-11、罗森和全家更能在你饥饿的瞬间为你提供便利的食物。世界上任何一个国家都不会有提供如此高质量小食的24小时便利店。

日本一次又一次地让众人吃惊。把减肥和健康抛到脑后吧，因为日本的街头美食经常是以n形卷的形式出现，或者是其充满了脂肪。请在食物顶部滑腻的蛋黄酱中、热气腾腾的拉面中、胆固醇爆棚的御好烧中释放自我吧！这些食物大多出现在第二次世界大战刚结束时，那段时期物资缺乏，于是狡猾的美国人向当时贫困的日本人售卖粮食。

到现在，我经常还会想起日本的食物以及日本人惯有的礼貌。无论你到哪里，你都会听到令人愉悦的问候"konnichi wa"（你好），"ohayo gozaimasu"（早上好），"komban wa"（晚上好），或者你在被感谢时会听到一句亲切的"arigato"（谢谢）。这些竟然会极具"传染性"：当我回到欧洲的时候，我会非常想念这些礼仪。去日本旅行会同样带给你以上这些好的印象，所以这会是一次很好的机会。更为肯定的是，这将是你一生中最棒的味觉体验。Itadakimasu！（译注：意为"我开动了！"，日本人吃饭前会双手合十说这句话，旨在对食物的珍惜与尊重。）

关于作者

汤姆

Kookstudio Eetavontuur是作者汤姆·范登堡的第一个项目。在比利时根特的一个工业建筑里，他从另一位作者卢克·蒂丝的Foodphoto工作室租了一个空间，用来教授当地人使用各种食材。10年前，他和当时的女友伊娃·韦普丽斯，还有他的同伴卢克·蒂丝，出版了自己的第一本食谱书《曼谷街头小吃》。

在越南、新加坡、马来西亚和美国的美食之旅之后，汤姆和一群出色的同事开了他们的第一家店——位于根特的"海港之家拉面吧"。汤姆是在朋子和美穗参加Kookstudio举办的日式工作坊时认识她们的。后来，他们共同开了一个晚上营业的日式居酒屋式的拉面吧。当时汤姆还选修了朋子举办的日语沉浸式课程。尔后，他们成了朋友，经常分享一些创意食谱。日本人喜欢送礼物。美穗亲手做了一碗纳豆作为礼物送给汤姆。美穗和朋子不明白为什么汤姆认为这很好吃，在她们的印象中，大多数西方人不能接受纳豆的味道，所以她们称汤姆为"奇怪的比利时人"。

卢克

卢克是一位经验丰富且拥有很多国际客户的知名的食物与旅行摄影师。他的许多作品都是在他位于根特的日光工作室中创作完成的。在工作室里，有一群才华横溢的摄影师和食物造型师。

汤姆·范登堡是卢克的灵魂搭档。他们在一起环游世界，寻找街头美食故事和美食图片。日本无论在哪个领域都是灵感的源泉，这让他们对日本的街头美食有了更进一步探索的欲望。

朋子

朋子在大阪出生并成长，她为身为大阪人而感到骄傲。大约20年前，她去比利时学习，在上学期间，朋友和熟人都会经常让她做日本料理。对朋子而言，能够为周围的人提供美食，让他们得到味蕾的享受，这是她生命中最快乐的事。几年前，她决定与美穗一起成立一家餐厅——GOHAN，主打日式家庭料理，即"日本人每天吃的食物"。通过这种方式，她想让更多人知道，日本料理不仅有寿司。朋子还参与并组织了根特广场电影节，旨在通过电影介绍当代日本文化。

美穗

美穗生长在一个幸福的家庭，家人每天都在一起吃饭。每天，餐桌上会摆放各种各样的小菜，其食材的数量超过30种。所以，美穗从小就学会了辨别并品尝不同食物的味道。她跟着丈夫来到比利时，在布鲁日，她从著名餐厅Spermalie获得了厨师学位。后来，美穗和她最好的朋友朋子在根特创办了餐厅。在那里，她们利用日本及当地的食材和烹饪手法，按订单制作美食。

关于本书

如果你第一次来日本，你会做什么？指着橱窗里的塑料食物模型或者按照你旁边的顾客点的食物点餐，然后对服务生说，"我要那个"？这可能行得通，但这也可能会花费你100欧元。因为它有点儿像猜谜游戏。

每个人都是从寿司了解日本。每一个人几乎深信在日本旅游和吃饭很贵——是的，太贵了。我想用这本书来证明日本对我们而言，并不只是时尚、别致、昂贵和遥远。寿司曾经是街头小吃，或者说是一种外卖快餐。但除了寿司，在日本，仍然有很多其他的街头小吃，另外还有高级寿司或和牛。

尽管这本书的名字叫《街头拾味：东京超人气美食》，但其实这本书已经变成了日本美食之旅。我们不会因为这本书把自己局限在一座城市里。当然，东京本身就如一本包罗万象的专门提供街头小吃的百科全书，所以我们把这项任务留给了顶级的美食家。我们在这本书里展现的是一个谦虚但丰富多彩的街头美食之都——东京，但也涵盖了其他城市的街头小吃，比如福冈和大阪。本书中的食谱包括了食谱的准备工作，这也是精确烹饪的乐趣，即在烹饪中掌握原料配比和烹饪方法。

2016年是比利时和日本建交150周年。这本书也是比利时和日本在专业协作上的见证。美穗主要负责食谱，朋子提供背景资料，汤姆的故事由我负责。

2016年夏天，我认识了两个了不起的人——美穗和朋子。她们的基因决定了她们十分具有烹饪日本料理的天赋。我们在一起进行了讨论会，会议的结果证明，一起写出这本书将是一个巨大的福音，不仅仅体现在烹饪方面。这种感觉就好像是从天而降。没有美穗和朋子的知识、热情和经验，我们永远也写不出这本书。

拉面吧已经营业5年了，Eatavontuur已经成立10年了，还有我的新餐馆"Haven"就要开业了。2016的秋天似乎是飞往日本的理想时机，也是向员工介绍正宗的拉面应该是怎样的时候了。对拉面吧更深的探索和发展把我带到了日本。比其他街头美食系列书籍更受欢迎的是我们在这个系列中发表的关于我们的拉面吧的故事。再加上我们疯狂的美食之旅，团队成员、美穗和朋子在一起合作碰撞的火花，所有的精彩就在你手中的这本书中。

地点 （附提前预览）

与我们以前的书相比，我们在日本探索了不止一个城市。这意味着我们做到了我们不仅仅局限于东京，还将其扩展到了大阪和福冈。这些城市真正的附加值在于它们的街头食品。这些页面上的食谱都列出了相应的位置和地点。你可以在本书后面的索引中找到。

东京

拥有3700万居民（注：2016年数据）的东京是未来的超现代主义之都。东京真的不只是一座城市，而是23座城市集合的(东京是其中心)都市圈。1923年，东京遭受了日本历史上最强的一次地震。14万多人丧失了生命，传统街区被夷为平地。最初，东京被叫作"江户"。1869年，它成了日本的首都，那里有天皇居住的皇居。除了伦敦和纽约，东京是世界上三大金融中心之一。它拥有科幻的街景、闪烁的霓虹灯、流行的文化圣地和纸醉金迷的夜生活等。

著名的筑地市场，位于东京湾（注：如今筑地市场已搬迁，名为丰洲市场），其本身就是一个城市的缩影，也是东京的主要景点。东京，拥有世界上密度最大的餐厅，这些餐厅无时无刻不在变化着。在东京，你可以吃到你想吃的任何美食。东京的中央区，尤其是银座，是全世界的寿司中心。这是一场盛大的美食盛宴。拥有世界上最多米其林星级餐厅的城市，会给你最好的美食体验。

27 炸鸡排 *Chicken Katsu*

28 冷荞麦面 *Zaru soba*

31 章鱼烧 *Takoyaki*

34 黄瓜佐辣味噌酱 *Morokyu*

37 日式蔬菜咖喱 *Yasai curry*

38 蛤蜊味噌汤 *Asari no misoshiru*

41 玉米鱼饼 *Tomorokoshi no satsuma-age*

42 手握寿司 *Nigiri sushi*

183 毛豆冰沙 *Edamame shake*

184 小龙虾汉堡 *Ebikatsu burger*

187 鲷鱼茶泡饭 *Tai chazuke*

189 三文鱼手卷 *Sake no onigiri*

190 盐烤鲭鱼 *Saba no shioyaki*

195 唐扬炸鸡盖饭 *Salsa sosu no karaage don*

大阪

大阪是日本第二大城市，同东京一样，它位于本州岛。在临近大阪的奈良为日本曾经的首都之前，大阪是日本的首都。它当时被称为"浪速"，如今这个名字仍然被经常使用。大阪遭到严重轰炸是在第二次世界大战期间，这导致了《孤独星球》写到它时，几乎没有什么魅力。然而，它的魅力在于当地的人们。大阪受欢迎的程度远不如东京。几个世纪以来，大阪确实一直是贸易中心，而且绝对是食物的贸易中心。正是因为它"弱者"的名声，大阪人也许比东京人更热情好客。在大阪，你也许有这种感觉，当地人可能比日本其他城市的人更不守时。浮华的摩天大楼，繁华的时尚街区与贫民窟相邻，无论是富人还是穷人，他们的生活都更自由和便利。

当地的街头小吃，如大阪烧、章鱼烧和炸串都起源于这里。与活泼的街头小吃形成对比的饮食文化可以在被称作"kappa"的食物概念中找到，即在高档餐厅的吧台用餐。大阪的米其林星级餐厅比巴黎还多。白天，它的人口增加了1倍，人们来到大阪工作，激增的人口使它成为日本第二大城市。但大阪的夜晚更有活力，当地人在晚上都会出来享受夜生活。"Kuidaore"：吃到你倒下来，你会经常听到这个城市的人这么说。

大阪的喜剧演员也很有名，他们一旦成功，就会把工作室搬到东京。大阪人（并由此延伸到整个关西地区的每一座城市）有独特的幽默感和一下就能听出来的关西语调。一旦他们取得成功后就会搬到东京，这些喜剧演员也不会改变他们的方言，而是让方言更明显。

65　鸡肉三明治 Chicken katsu sando
140　滑蛋牛肉片 Gyuniku no tamago-toji
145　和风牛排 Gyu steeki wafu-sosu
146　冰绿茶 Tsumetai ryokucha
149　抹茶刨冰 Matcha kakigori
150　马斯卡彭最中 Mascarpone no monaka
151　抹茶拿铁 Matcha latte
153　烟熏蛋 Kunsei tamago
154　肉末可乐饼 Niku korokke
157　焦糖酱豆奶布丁 Tonyu purin
158　秋葵鸡肉沙拉 Okura to toriniku no salada
161　欧风/荷兰式茄子 Nasu no orandani
162　玉子烧 Dashimaki Tamago
167　海苔米饭 Hijiki gohan
169　西京烧 Sake no saikyo yaki
170　猪肉炒泡菜 Buta kimchi
173　炒面和炒饭 Sobameshi
174　糖醋肉 Subuta
177　大阪烧 Okonomiyaki (Osaka-style)
178　柚子酱油炒扇贝和蟹
　　Kani to hotate no ponzu gake

16

福冈

这座熙熙攘攘的城市非常适合居住，它也被称为"小东京"，是日本的第六大城市。福冈起源两个城市：福冈和博多。曾作为最古老城市的一部分的博多，这个名字直至现在仍然被保留。

福冈是日本屋台和手推车最多的城市，每天都有无数的手推餐车出摊，来填饱游客的胃。在大多数的日本城市，屋台已经完全消失了。福冈是一个例外，这里有一条热闹而传统的街道，这是屋台饮食文化的最后痕迹。直到10年前，还有300多家屋台，而现在只有150家屋台。屋台的数量每年都下降。因为它们在某些方面令人讨厌，所以它们现在遭到了抵制。我只能希望它们能存活下来。你只有去天神屋台区或者长滨屋台区才能真正地了解到神奇的街头屋台美食文化。

这个繁华的城市坐落在九州岛，岛上气候温和。这就是著名的软银鹰棒球基地的所在地，也是人们口中所说的日本最漂亮的女人的家乡——福冈。从烹饪美食上说，它是猪骨拉面和内脏锅（当地的一种特色菜，由猪肚或牛肚、明太子和蔬菜炖煮而成）的发源地。

79 炸串 *Kushikatsu*

80 煎鸡肉串 *Yakitori (negima)*

83 关东煮 *Oden*

88 猪骨拉面 *Tonkotsu ramen*

91 蛋包饭 *Omuraisu*

92 海鲜盖饭 *Kaisen-don*

95 生姜沙丁鱼 *Iwashi no nitsuke*

96 芝麻拌菠菜 *Horenso no gomaae*

99 甜酱肉丸 *Nikudango no ankake*

103 土豆沙拉 *Poteto salada*

104 紫苏叶卷明太子天妇罗
Mentaiko to shiso no tempura

111 青酱拉面 *Basil ramen*

113 蘸面 *Tsukemen*

120 饺子 *Gyoza*

123 长崎蛋糕 *Kasutera*

124 咖喱牛肉面包 *Curry pan*

其他城市

冈山

66   蔬菜豆腐泥 *Yasai no shiraae*

69   豆皮汤盖饭 *Yuba no donburi*

70   冷豆腐 *Hiyayakko*

73   牡蛎乌冬面 *Kaki udon*

京都

48   担担面 *Tantanmen*

51   腌白菜 *Hakusai no tsukemono*

52   铜锣烧 *Dorayaki*

55   唐扬炸鸡 *Tori no karaage*

56   酱油黄油烤扇贝 *Hotate no grill*

59   豆腐团子佐酱汁 *Tofu-dango no ankake*

60   烤茄子配鲣鱼片 *Yaki nasu*

广岛

126   蒸包 *Nikuman*

129   鲷鱼烧 *Taiyaki*

130   蒲烧鳗鱼 *Unagi / anago no kabayaki*

134   广岛烧 *Okonomiyaki (Hiroshima-yaki)*

根特

87   蔬菜拉面 *Vege ramen*

NOEDELBAR

拉面任务

我的第一次日本之行始于千禧年。当时正值隆冬时节，我依然记忆犹新，那时的东京很冷。我立即被周围异常洁净的环境震惊。到处都是那么的安静，你几乎听不到汽车引擎的声音。我出发了，对这个新的环境，我完全不知所措，我寻找自动加热马桶圈、相扑选手和世界上好的寿司。那时，日本人街道上用英语写的招牌比现在要少得多，所以第一次我真的"迷失在翻译中"。大多数日本餐馆是用塑料食物模型来展示餐厅的食物的。在橱窗里，这些食物模型看起来并不是很诱人，但真实的食物很诱人。通常只有通过这种方式才能知道，"嘿，这是一个餐厅！"有时候你不得不从入口处的自动售票机购买拉面券，放入硬币，再按键选择，如果你根本不会日语，这项任务对你来说就是绝望的。

我当时的女朋友伊娃和我以背包客的身份旅行，所以我们的预算并不宽裕。不过，我们还是很快找到了很棒的廉价的午餐方案：我们吃了**炸鸡排和冷荞麦面**。那些所谓在日本用餐会很贵，而且你只能吃高档食材的猜测被直接"扔出了"窗外。我们花了一些时间寻找目的地，但很快就适应了新的环境，这依赖于在全国范围内飞驰高效的地铁和火车网络。我们打算在高山县找地方休息（我们打算在当地试吃牛肉），但我们并没有提前预订酒店，所以酒店人员非常不悦。日本人不喜欢意想不到的事物。

还有一件事将永远伴随我。那是我第一次体验日式温泉。我们的日式旅馆太冷了，于是我和伊娃想在那家日本旅馆尽可能多地泡温泉。男汤和女汤是分开的，但至少泡温泉让我们不觉得冷了！

受影片《寿司之神》的鼓舞，3年前，我一个人第二次去了东京。我的拉面吧已经开了有几年了，但我觉得我错过了一些东西。我越来越感觉到不真实。我们用的是干燥的、预包装的面条，并且在鸡汤中加入了增味剂。我一时冲动，决定坐飞机到东京。我永远不会成为下一个"二郎"，但至少我知道，我想做得更好、再好一点儿，把我们的面条提升到更高的水平。最后，每天都比之前更好，这就是烹饪的意义所在。我在浅草地区订了酒店，那是位于上野车站附近的一个迷人的地方。阿美横町市场位于铁路旁的狭窄街边，我每日会在那里逗留很长一段时间。第二次世界大战刚结束时，这里曾是黑市，到处充斥着美国产品；从字面上翻译，市场被称为"甜蜜街"（Ameya yokosho）。通过一个小洞般的窗口，我点了一份**章鱼烧**。这些章鱼烧球在平底锅里被熟练地翻炒，做好后，在其顶部挤上香甜的伍斯特郡酱汁、日式蛋黄酱，并装饰上鲣鱼片和海苔碎。到了晚上，市场关门后，这里的气氛又不一样了：震耳欲聋的弹珠机游戏厅的噪声确实影响了我走马路。另外，我回到住所附近，坐在烤串店的凳子上，点了札幌啤酒、烤肉串、烤鸡肝和香菇。我点了一份**黄瓜佐辣味噌酱**当小菜。我每天都在找热腾腾的美味拉面，我想我几乎尝试了上野附近的每一家口碑都不错的拉面店。

我独自一人在东京，但我有一个在日本的比利时朋友：一位曾住在日本很多年的比利时的外交官——埃里克，他把我拉到一个疯狂又丰富多彩的美食节里。在浅草寺举行的一个气氛热烈的美食节中，我们看到一些现代的屋台，并且我们几乎买了屋台里所有的食物。将勺子舀的冰激凌夹在三明治里，配上味噌烤玉米。我永远不会忘记我同伴的评论，他有一口浓重的根特口音。例如，当我们看到蓝色和粉色的焦糖香蕉被挂了起来，他就会说："看，看，一个蓝色的香蕉!"

在浅草我发现了合羽桥道具街，这是一条800米长的购物街，对任何一个厨师，这里就是心中的麦加。高档的厨房器具、锋利的厨刀和专业厨房需要的一切，在这里都能买到。在吃拉面的间隙（我一天最多能吃3次拉面），我们逛了六本木之丘——一座非常时尚与伟大的博物馆。在那里可以看到东京的全景，你会对这个城市的真实规模有所了解。我还发现了其他地区，比如惠比寿，它是一个生活节奏极快的地方。通过多年的旅行，我学会了快速地划出一个区域，然后从中挑出来我感兴趣的。我不推荐有人跟着我旅行，因为我要以疯狂的速度前行。

在寻找一个叫阿夫利的拉面店时，我路过中目黑，一条清澈的河流穿梭而过，河边种满了樱花树。突然间我仿佛置身巴黎，在塞纳河的左岸有些许精品店。我在中目黑先品尝了**日式咖喱**，咖喱店是位于街边的大篷车中。这才是真正的街头小吃!

每次我在东京，清晨都会去举世闻名的筑地鱼市。我永远不会厌倦，在筑地市场[注]，我可以闲逛几个小时。每次都是同样的仪式：每一次参观都是从凌晨5点左右的金枪鱼拍卖开始的。接着我会去满是手推车的新大桥。我前往市场摊位解决我一天中的第一顿饭。我会点一份炖牛肉或是一碗热气腾腾的布满油脂的拉面，饱餐后再畅饮一杯麒麟啤酒。然后我会去Rupan咖啡店喝咖啡。第二站就是筑地场外市场了。这是真正的街头美食天堂。我会点一碗**蛤蜊味噌汤**或一份**玉米鱼饼**。当然，少不了**寿司**。论吃寿司，没有比筑地更好的地方了。我通常在11点以前离开，因为这时人太多了!

为了研究拉面，我去了东京。我学到了很多关于街头小吃的知识，很快我就有了写一本书的想法。例如，在青山，我路过Commune 246——一个满是美食车和小吃摊的地方。这里的气氛有点儿无政府主义，类似于柏林，其中有很多素食，还有特别的热狗……我很惊讶这样的场景是发生在东京的。

1周内，我吃了大约20碗拉面。然后，我回到家，身体里充满了拉面的味道。这让我有了新鲜的动力和灵感。当我回到家后，便立即把学到的知识付诸实践。自那次东京之行，我们拉面吧做的拉面和底汤都是我们特有的——这也是理所当然的!

[注] 筑底市场已搬迁，现为丰洲市场。

美食与无尽的欢笑

如果美穗和我必须说出我们个人在2016年最喜欢的人，那无疑就是汤姆、Eetavontuur里的同事和卢克。初次的见面以及在一起的日本美食之旅，不仅丰富了2016年一整年的时光，更丰富了我们的生活。

我们虽然已经知道Eetavontuur的存在，但出于好奇，我们已经计划了在一段时间内的潜在的合作。但我们从未料到我们的合作会如此的紧密。汤姆继续用他的书激励着我们对饮食文化的持续热情。他是一个实干家。一旦他的头脑中有想法，他就会付诸实践，没有任何拖延。我们和他的旅行经历将会为我们未来的活动提供灵感。旅行的气氛总是很轻松的，但与此同时，汤姆也在密切关注着什么是最重要的，他鼓励每个人都要尽全力。所以我们要感谢汤姆给予的绝好的机会。谢谢！

"看看吧！"对卢克来说，似乎是完美的作品。"看看吧！"，卢克给我们展示了他刚拍的照片。我们真的很喜欢拍照。有时卢克只需要在几秒钟内就能确认拍摄的图像，然后对焦拍摄。在其他时候，我们会作为助手，我们会利用小碟子创造阴影或控制推拉门的开启。每张照片拍完几秒钟后，我们看着照片，越来越强烈地感觉到这本书正在成形。

我们人生最重要的原则是"美食与无尽的欢笑"。无论多忙，即使我们因疲劳几近摔倒，那也没有关系。只要我们在一起，就会有欢笑。所以我们不介意有一些笑声。毕竟，这是日本人的说法："会笑的人运气总不会太差！"

美穗和我有时称对方为"妻子"。在美穗搬到比利时之后，也就是距现在十多年前，我们很快就成了好朋友。感谢我们互相之间分享生命的意义，同时我们还会分享烹饪的乐趣。如果我们要开始一起做些什么，那无疑是专业的日本料理。我们是不同的，但从另一个层面上说，我们是互补的。我们的餐厅Gohan，就像一个典型的"两人三脚"的游戏，游戏中两个人必须将自己的一条腿和对方的一条腿绑在一起，这一动作正描述了我们紧密的合作。

在日本，我们也说"En ga aru"，意思是注定的缘分。没有这个"En"，这本书可能只是一个白日梦。我们已经感觉到彼此之间的那种"纽带"，现在我们从汤姆和卢克身上也感受到了。例如，当美穂开始和她的丈夫经营第一家餐饮店时，2005年他们就被登上了杂志。当时给他们拍摄照片的就是卢克，这虽然听起来不可思议，但确实是真实的。

汤姆和卢克彼此非常了解。汤姆有找到好的食品摊的天赋。他总是让我们大吃一惊，有时他会突然消失。例如，在东京涩谷著名的巨大的十字路口前，他被吸引，走入了人海，我们无法通过电话联系到他。我们很担心，但卢克平静地说，"放松，他会回来的。"然后卢克继续拍照。当然，过了一段时间，汤姆就从人群中走了出来。

对我们来说，日本街头小吃的主要元素就是屋台。我有一个难忘的记忆。1995年，在神户发生了大地震之后，我去当地拜访朋友时，发现那里已经变得一片狼藉。我们一起去了一个巨大

的屋台。这个屋台以闪电般的速度出现在了一大片被烧毁的木质房屋的区域内。毫无疑问，那里的生活对每个人来说都很困难。但是人们看起来还很乐观，因为他们可以很开心地和亲人、朋友在户外一起吃饭。在我看来，那个时代的日本看起来很时髦，也很物质，所以这种场面向我展示了一个完全不同的，甚至被遗忘的日本的形象。我当时觉得那是不知疲倦的亚洲的生命力，曾经沉睡的日本，在这场灾难中又苏醒了。我为此感到自豪。

炸鸡排

チキンカツ

CHICKEN KATSU

配以生拌卷心菜丝和微甜的炸猪排酱汁，味道鲜美。

2片鸡柳

2个鸡蛋，略微搅拌

4汤匙面粉

盐和胡椒粉

100克（⅔杯）日式面包屑

炸猪排酱汁

把鸡柳从中间纵向切开，然后用纸巾吸干鸡柳表面的水。在第一个碗里打入鸡蛋。将面粉放在另一个碗里，加入少许盐和胡椒粉。将面包屑放在第三个碗里。

将食用油加热到175℃。将鸡柳裹上面衣，然后将其放入打匀的蛋液中蘸一下，然后再放入面包屑的碗里，使鸡柳均匀地蘸满面包屑。将处理好的鸡柳放入油锅中炸制几分钟，直至呈金黄色。搭配炸猪排酱汁食用。

也可以用猪肉代替鸡肉，制作炸猪排。

火车　　午餐　　便当

冷荞麦面 ざるそば
ZARU SOBA

这道菜通常只在炎热、潮湿的夏季供应。这道菜在日语里叫作"Zaru Soba"，"Zaru"意思是"芦苇筛"，因为面条用冷水洗过后，会放在类似芦苇筛的容器上，以供食用。

4根葱，切成长4厘米的段，然后再切成丝

3厘米长的生姜，去皮，磨碎

3厘米长的白萝卜，去皮，磨碎

1茶匙芥末酱

1茶匙烤过的白芝麻

七味粉

1片海苔，切成丝

4份荞麦面

荞麦面蘸汁

100毫升酱油

2汤匙甜料酒

1½汤匙糖

200~400毫升出汁
（见第196页）

首先制作荞麦面蘸汁。它由酱油、甜料酒、糖和出汁混合而成。在酱油中加入2汤匙甜料酒、1½汤匙糖，加热煮制。将其慢慢煮沸，直到酒精蒸发，酱汁有所减少。此时加入出汁调味。最初添加200毫升出汁，根据情况来添加出汁的量，制作荞麦面蘸汁。你可以把荞麦面蘸汁放在冰箱里2周。

将葱丝放入冰水中浸泡15分钟，直至其开始卷曲。然后将葱丝沥干。把生姜和白萝卜放在一个方形的盘子里，再加上芥末酱、葱、白芝麻和七味粉。

按照包装上的说明煮荞麦面。然后用冷水冲洗荞麦面或将其放入冰水中。这样可以去除多余的淀粉。将荞麦面沥干。

将荞麦面放在竹制或芦苇制的荞麦面网垫上，每份荞麦面都撒上1汤匙海苔丝，同时配上1份荞麦面蘸汁以及相应的配料：生姜泥、白萝卜泥、芥末酱、白芝麻和七味粉。将荞麦面放入蘸汁中蘸食。

如果想要100%素食，可以用香菇高汤代替出汁。

你可以用一味粉替代七味粉。一味粉是将七味粉中的其他配料去掉，只留下辣椒粉。

尾张屋
东京都台东区浅草1-7-1，111-0032
营业时间：11：30—20：30

午餐

ざるそば
380円(税込)

ラーメン
500円

章鱼烧 たこ焼き
TAKOYAKI

这是我在日本遇到的第一种街头小吃。观看它的制作过程是极其震撼的。

250克面粉

2茶匙泡打粉

½茶匙盐

2个鸡蛋

350毫升出汁（见第196页）

1茶匙酱油

花生油

100克章鱼，煮熟后切成块

2根葱，切成葱花

¼杯日式面包屑

1汤匙腌渍姜丝

1汤匙高汤精

日式蛋黄酱

炸猪排酱汁（见第203页）

1汤匙海苔粉

¼杯鲣鱼薄片，切成丝

将面粉放入搅拌盆中，加入泡打粉和盐。将鸡蛋稍微搅拌，放入盘中。在盘中加入出汁和酱油。你必须制作好一份光滑的面糊，类似于煎饼面糊。将制作好的面糊倒入壶中。

加热烤盘。在烤盘上涂上花生油。当锅开始冒烟时，把壶里的面糊倒入烤盘的凹洞里。在每个洞里放少量章鱼、葱花、日式面包屑和腌渍姜丝，然后再浇上面糊。最后在顶部撒少许高汤精。

稍微煎制片刻，但不要完全煎熟。面糊内部要保持流心的状态。现在小心地在锅里转动章鱼烧。稀的面糊就会形成章鱼烧的底部。再煎制4分钟，然后反复将章鱼烧在锅里翻动几次。从锅中取出章鱼烧，放在盘子里。再用蛋黄酱、炸猪排酱汁、海苔粉和鲣鱼丝装饰。

顽固蛸

东京都目黑区3-11-6，153-0063

营业时间:11：00—次日1：00

商店街

HANADAKO

大阪市大阪府北区角田町9-16，530-0017

营业时间:10：00—23：00

味噌

我的祖父母在广岛的房子有一个带有木制推拉门的大储藏室。在储藏室里总是有一个大缸，缸里是我祖母做的酱菜。

这座房子最初是作为茶室建造的，所以有两个房间是茶道专用的房间。其中一间在一楼，另一间在二楼。这两间茶室都有下沉式的壁炉和一扇低矮的木质推拉门，推拉门的木框上糊有和纸。花园也很日式，那里有大块的观赏石和漂亮的修剪好的树木。每次上厕所，我都会经过房间外部的走廊，走廊外的日式庭院很美。不过到了晚上，这里会变得有点儿可怕。天黑时，我都不敢往花园里看。我的祖母在家教授插花课程，我祖父的爱好是打理盆景和种植蔬菜。

当我想起祖母做的味噌的味道，所有的景象都浮现在我的脑海中，这让我非常怀旧。在我小时候，我特别惊讶于在长达1个月的时间里，味噌的颜色从淡变深的过程。现在我知道了，味噌事实上是"有生命的"。

众所周知，味噌是由大豆制成的。但在西方，情况可能就不一样了。因为西方的大豆有不同的品种。首先有三种曲：米曲，麦曲和豆曲。它们口味也各不相同，从咸到甜。其味道主要由盐的含量决定，还受曲菌数量的影响。曲菌越多，味道越甜。在此之前，味噌作为储存盐的一种方式，也被用在日本的内陆，因为那里没有海。味噌有不同的颜色。当大豆中的氨基酸与糖发生反应时，味噌的颜色会变得更深。

味噌最初来自中国，大约在1300年前，所以它在日本已经有很长的发展历史了。今天，味噌汤是闻名世界的料理，但味噌汤是从12世纪才开始流行起来，它是一顿健康的简餐必不可少的一部分。如今，味噌的用途很多，包括腌制鱼和肉，做成蘸酱或油醋汁。它每天都被用在日本料理中，并越来越多地出现在西方的烹饪食谱中。

黄瓜佐辣味噌酱 もろきゅう

MOROKYU

4根黄瓜

2汤匙白味噌酱

1汤匙甜料酒

1茶匙辣椒油

将黄瓜纵向切成6条，去除黄瓜籽。如果你喜欢更小一点儿的黄瓜条，可以再把黄瓜切成4厘米长的条状。混合味噌、甜料酒和辣椒油。盘子里放上黄瓜和味噌酱，用黄瓜搭配味噌酱蘸食。

居酒屋　立食店

日式蔬菜咖喱 野菜カレー

YASAI CURRY

咖喱店在日本随处可见！

2汤匙花生油

2个洋葱，切碎

3个土豆，
切成2厘米的块

2根胡萝卜，
切成边长1厘米的块

750毫升水

150克日式咖喱块

1汤匙酱油

在一个大平底锅里放2汤匙花生油。加入洋葱，用小火翻炒。再加入土豆和胡萝卜翻炒。锅内倒入水，没过食材，小火慢煮。将咖喱块溶解在水中，熬煮至汤汁浓稠。起锅前淋入酱油。

午
餐

蛤蜊味噌汤

あさりの味噌汁

ASARI NO MISOSHIRU

在日本的春夏时节，打捞蛤蜊是一项很受欢迎的活动。日本人在这个时节会去海边，退潮的时候，他们会用铲子将蛤蜊从沙子里挖出来，收集在一起。美穗回到家后的第一顿饭中，便有父亲用新鲜的蛤蜊制作的蛤蜊味噌汤，因为纯正新鲜的蛤蜊味噌汤的是她喜爱的菜肴之一。

500克蛤蜊
800毫升出汁（第见196页）
2~4汤匙味噌
少许葱，切成葱花

把蛤蜊放在盐水（500毫升水加1汤匙盐）中静置3小时除沙。蛤蜊的壳会打开，并排出沙子。然后再把蛤蜊在盐水中清洗3次。

将出汁煮沸。将味噌放进1个深勺子里，再把勺子放进汤里。用筷子不停地搅拌勺子里的味噌，使味噌溶解。将搅拌溶解的味噌慢慢地倒入出汁中，以免吃到未溶解的味噌块。

将蛤蜊沥干，放入沸腾的出汁中。当蛤蜊壳打开时关火。将味噌汤分别盛在碗里，上面撒上葱花。

如果没有蛤蜊，可以使用其他贝类，比如扇贝等。

居酒屋　午餐

玉米鱼饼 とうもろこしのさつま揚げ
TOMOROKOSHI NO SATSUMA-AGE

从传统做法来说，鱼饼一般只搭配酱油食用，但你也可以将它做成炒鱼饼或者用它做汤。在这道菜中，将鱼饼裹上了玉米粒。这不仅使它在颜色和形状上更有吸引力，也结合了甜和酸的口味，从而创造了一个更复合的味道。这是朋子最喜欢的一道菜！

300克鳕鱼，去皮、去骨

1个鸡蛋

½茶匙盐

1撮糖

1汤匙清酒

2汤匙土豆淀粉

2茶匙姜，磨碎

300克奶油玉米粒

把除玉米粒外的所有的配料都放进搅拌机，搅拌成光滑的鱼糊。将鱼糊捏成一个厚1厘米、直径4厘米的圆饼。将玉米粒完全裹在鱼饼上。将油加热至160℃，炸制鱼饼4~5分钟。如有需要，可用纸巾吸干鱼饼上的油，再加酱油食用。

若要做一个基础款的鱼饼，只要把这个食谱里的玉米去掉即可。基础款鱼饼同样也很美味！

手握寿司 にぎり寿司
NIGIRI SUSHI

需要多年的经验才能做好寿司。一个真正的寿司师傅等同于一位艺术家。我们都喜欢看他快速地捏出一个饭团然后马上在饭团上面放上刺身。这个食谱是一个简单的版本。先捏饭团，然后把刺身放在饭团上面。尽量不要把饭团捏得太大或者将刺身切得太大，要做成可以一口吃掉的大小。

500克新鲜刺身（三文鱼、
金枪鱼、扇贝、鲈鱼等）

6个寿司饭团

（见第199页）

酱油

芥末酱

将鱼肉做成刺身，约5毫米厚，大小为3厘米×5厘米。把切好的刺身放在冰箱里冷藏。将手蘸湿，取少许寿司米米饭放在手中，把米饭大致捏成椭圆形，大小为2厘米×3厘米，高约1.5厘米。左手拿一个饭团，将一片刺身放在饭团上。用右手食指和中指向下轻压刺身。将寿司放在盘子里，搭配酱油和芥末食用。

用海苔包裹的寿司卷被称为军舰寿司。你可以用切碎的鱼肉粒、三文鱼鱼子、黄瓜等制作军舰寿司。

居酒屋

商店街

火车

立食店

京都的居酒屋

在第一次去日本的十多年后，我和我现在的女朋友桑德拉一起飞往了关西机场，我想这是比学习烹饪知识更明智的做法。这一次，我是在樱花盛开的季节前往京都，这绝对是美丽而浪漫的京都之旅。京都每年接待超过3000万的游客，并且京都已有17个景点已被联合国教科文组织认定为世界文化遗产。这个城市以腌菜闻名。腌菜是日本料理中重要的组成部分，几乎每顿饭都要用到。京都美食界的明星是怀石料理。怀石料理有其固定的菜式和顺序，并以料理的外观、质地、颜色和多样性吸引着大众。

1000年来，京都一直是日本的首都。从文化角度来看，它确实是日本旅行不容错过的目的地。我们租了自行车在城市里骑行，没有比这更好的交通方式了。当然，享用午餐也是绝佳的体验方式。在京都站，我们点了**担担面**，然后桑德拉和我骑车穿过了锦市场。在食品车里，我们品尝了不同种类的京都著名的**腌菜**。我们买了铜锣烧，在位于市中心的京都御院的长凳上，一边看着风景，一边吃着**铜锣烧**。我们对这道甜点很熟悉，它出现在日本电影《澄沙之味》中，电影讲的是一位患有麻风的老太太制作铜锣烧的故事。

我们还骑自行车去了京都的主要景点，先从银阁寺出发，再到岚山和哲学之道。在哲学之道上，有一条河穿梭而过，河两边种满了樱花树。哲学之道，让你仿佛在这里可以看见智者行走。我没有园艺技能，但我喜欢日本的庭园。对我来说，只有慢慢地行走，偶尔在路边的一个茶室停下来，点一杯茶，静静地沉思，这才是终极的平和。

我们步行穿过京都的传奇之地——祇园艺伎区。艺伎仍然存在：要想成为艺伎，必须从小就学习相关的礼仪和规矩。艺伎会和教她们技艺的"妈妈"住在一起，如果你足够幸运的话，你会看到她们身着传统的和服，精心装扮去赴约。

在这次旅行期间，我们发现了一个神奇的地方，它完全符合我们浪漫基调的假期。它叫作"夫妻"，这是一个由一对夫妇经营的小咖啡馆，这里简直是典型的日本！推开小木门的瞬间，我仿佛进入了一个完全不同的世界。日本人很有设计天赋，室内的风格、装饰和氛围会带给你一个接一个的惊喜。

日本人也非常自律。但下班后，大约下午5点，你在居酒屋或者酒吧可以看到日本人的另一面。在他们的日常工作之后，人们（尤其是男人）会去居酒屋喝啤酒或清酒，也可以吃一些小吃。日本当地有不同级别的酒屋，从烟熏味很重的居酒屋，到像酒吧一样别致的场所。但是，去这些地方的想法总是一样的：你独自坐在酒吧里或6个人一组坐在角落里，你可以和朋友一起分享美食和美酒。小吃是类似塔帕斯的开胃小菜的风格，但更精致，种类也更多。完全出于偶然，桑德拉和我最后走进了京都乃至全日本最好的居酒屋，也许因为这是我们第一次进

居酒屋，所以才会有这样的感觉。居酒屋的老板非常自豪，我们两个比利时人来到他的店里，他真的对我们很溺爱。厨师给我们展示了一块看上去很美味的真空包装牛肉，大约300克，我估计里面的牛肉会有丰富的雪花纹。不经意间，这块美味的牛肉就端到我们面前了。它被炙烤得很完美，并且被切成了厚片，搭配一点儿酱油，一点儿粗海盐、芥末和一片柠檬食用。这是日本的宫崎牛。我从来没有吃过这么美味的牛肉。

当我在比利时的餐馆点肉的时候，我会常常回想起那次在日本吃的宫崎牛肉。

接下来是一顿令人咋舌的美食旅途：**腌竹笋、唐扬炸鸡、酱油黄油烤扇贝、烤茄子配鲣鱼片和豆腐团子佐酱汁**。我们吃了一整晚。我们桌边的酒伴给我们展示了他们的食物，并请我们品尝了其他的小吃。发现居酒屋的文化，尤其是这家餐馆，是我们旅行的一个亮点。热情，友好和高水准的烹饪，让我们毕生难忘！

担担面 担担麵

TANTANMEN

担担面是汤姆喜爱的食物之一。这道菜现在已经变成了他在根特的拉面吧的固定菜式。

200克混合肉末
（牛肉/猪肉）

2汤匙植物油

2厘米长的姜，切碎

1根葱，切碎，

1瓣大蒜，切碎

1汤匙豆瓣酱

240毫升鸡汤（见第200页）

240毫升出汁（见第196页）

2份拉面

2汤匙担担面酱汁
（见第204页）

1汤匙鸡油

1汤匙猪油

½茶匙鲣节盐（见第199页）

10克木耳，泡发，
摘除硬的部分

1个溏心蛋

2根葱，切成葱丝

几片海苔，8厘米×4厘米

将植物油烧热，放入葱、姜煸炒。加入肉末。将肉末炒匀，加入豆瓣酱翻炒。翻炒完成后放置一边备用。

把鸡汤和出汁一起放在锅里加热。
把面条放在水里煮熟。

将担担面酱汁放入面条碗中，加入鸡油、猪油和鲣节盐。在碗里倒入少许混合的高汤（鸡汤和出汁混合），这样动物油脂会融化一点儿。在碗里放入面条，然后把肉末放在面条上面。在面条的一边撒上木耳丝，将半个溏心蛋放在另一边。把剩余的汤浇在碗内。用葱丝装饰，在碗边放上1片海苔。趁热食用。用同样的方法制作另一碗。

拉面

腌白菜

白菜の漬物

HAKUSAI NO TSUKEMONO

在日本，你可以用很简单的食材 —— 白菜做这道菜，但正是昆布赋予了它独特的鲜味。

3克昆布，比例为白菜的1%

9克粗盐，比例为白菜的3%

300克白菜

1个干红辣椒

仔细称量盐和昆布的重量。蔬菜和调料的重量比是非常重要的。用剪刀把昆布剪成细条，尺寸大约为3毫米x 2厘米。将白菜用水冲洗干净并沥干。将白菜切成段，约10厘米长，放入保鲜袋。在大白菜中加入盐和昆布条拌匀。然后加入干红辣椒。将保鲜袋里的空气尽可能地挤出，并密封保鲜袋。将大白菜在冰箱里放置至少12小时。不时翻动保鲜袋，使腌料均匀。

当白菜析出足够的水时，腌白菜就做好了。将腌白菜切成小块食用。

你也可以腌制其他蔬菜，如白萝卜叶、白萝卜、胡萝卜、黄瓜等。腌制时，如果放上一小片柚子皮，可以带来一种特别清香的味道。

铜锣烧 どら焼き
DORAYAKI

铜锣烧是哆啦A梦最喜欢的食物。哆啦A梦是著名的动漫人物，他也是朋子和朋子父亲最喜欢的动漫人物。我的一个女性朋友曾经在她自己生日的时候，满怀爱意地烤了一个巨大的铜锣烧。在电影《澄沙之味》中，你可以看到主人公对铜锣烧的专注！

2个鸡蛋

50克糖

50毫升牛奶

2茶匙甜料酒

100克面粉，过筛

1茶匙泡打粉

250克蜜红豆（见第206页）

将鸡蛋、糖、牛奶和甜料酒放入碗中，加入面粉和泡打粉搅拌均匀。将混合物在冰箱里静置15分钟。

用纸巾在煎锅里涂一层油，再将煎锅放在火上。用汤勺把面糊舀进煎锅，使面糊的直径达到6厘米。煎制面饼。当面饼开始冒泡时，将面饼翻面，直至其变成浅棕色。

将煎好的铜锣烧饼放在盘子里冷却。将蜜红豆放在铜锣烧饼上，然后再在上面盖上另一个铜锣烧饼。在室温下食用。

商店街　便当

唐扬炸鸡

鶏の唐揚げ

TORI NO KARAAGE

这几乎是每个人都喜欢的菜。它随处可见，从便当到居酒屋，从派对餐点到温暖的家常菜。这个食谱在刚出锅的时候是最美味的，冷却后，其肉质也仍然很鲜嫩。因此，没吃完的炸鸡块通常会出现在第二天的便当盒里。

600克鸡腿肉
（去皮，去骨）
4汤匙土豆淀粉

将所有腌料混合在一个碗里。将鸡肉切成大约3厘米×4厘米的块。用手将腌料和鸡肉混合，把腌料揉进肉里。将其盖好并放入冰箱冷藏至少1小时。

腌料

2茶匙切碎的大蒜

2茶匙姜末

1茶匙糖

1茶匙盐

4汤匙土豆淀粉

1个鸡蛋

1汤匙酱油

2汤匙芝麻油

⅓茶匙四川花椒粉

把鸡肉从冰箱里拿出来，将土豆淀粉撒在鸡肉上。将油加热至180℃，将鸡肉炸至金黄。用吸油纸将鸡肉上的油吸干，配以四川花椒粉即可上桌食用。

酱油黄油烤扇贝

ホタテのバター醤油

HOTATE NO GRILL

美味的扇贝产于日本最北端的北海道，当地产的黄油质量也很好。这道菜是完美的居酒屋小吃。

4个带壳的扇贝

4茶匙黄油

2茶匙酱油

¼茶匙盐

用牡蛎刀打开扇贝。取出扇贝肉、黑色的部分(胃)和肝脏。把扇贝放在一边。用自来水冲洗扇贝壳，去除壳内的沙子。把扇贝肉等放回壳内，将扇贝壳放在炭火上烤制。在每个扇贝里放入1茶匙黄油，并添加½茶匙酱油。烤制2分钟，将扇贝肉翻面。撒上1小撮盐。

你也可以不带壳做这道菜。如果不带壳烹制的话，把扇贝放入锅中煎熟，最后在上面放一小块融化的黄油，最后加上酱油。

居酒屋 商店街

—— 豆腐团子佐酱汁

—— 烤茄子配鲣鱼片

豆腐团子佐酱汁

豆腐団子のあんかけ

TOFU-DANGO NO ANKAKE

在日本，豆腐通常和肉末混合在一起，所以你可以同时品尝到健康的植物蛋白与肉类的混合美味。这道菜和浓出汁的组合是相当美味的。这种浓出汁的优点是能长时间地维持菜品的温度。

豆腐团子

250克北豆腐

5厘米长的胡萝卜，切碎

200克鸡肉末

4只虾，去虾皮，切成1厘米长的段

10厘米长的葱，切成葱花

⅓茶匙盐

1汤匙清酒

1茶匙姜汁

2汤匙土豆淀粉

用纸巾把豆腐包起来，放在微波炉的转盘里。不盖盖子，在微波炉中以600瓦加热5分钟。将胡萝卜放入微波炉中，加盖，以600瓦加热2分钟。将制作豆腐团子的所有配料都放在碗里，用手搅拌均匀。

配料表中的分量可以制作6个豆腐团子。在工作台上放置1张微波专用保鲜膜，大约30厘米×30厘米。把豆腐团子放在保鲜膜的中心。把保鲜膜的四个角捏在一起，然后尽可能地把保鲜膜扭紧。每个豆腐团子都重复上述的步骤。把6个豆腐团子放在平盘上，并使保鲜膜的四角向上。松开的保鲜膜压力很小，所以豆腐团子加热时不会爆炸。在微波炉里以600瓦将豆腐团子加热5分钟。

酱汁

1½汤匙酱油

1½汤匙甜料酒

150毫升出汁
（见第196页）

1汤匙土豆淀粉

将酱汁所有的配料放入平底锅中拌匀。慢慢烧开。不断搅拌直至酱汁变黏稠。

把豆腐团子从保鲜膜中取出。将豆腐团子放在盘子里。用勺子将酱汁浇在团子上面。

你也可以用猪肉末代替鸡肉末。

烤茄子配鲣鱼片 焼きナス

YAKI NASU

这是非常简单的一道菜。鲣鱼片、生姜和少许酱油的混合酱汁太好吃了!

1个茄子,
直径8~9厘米
1茶匙生姜,切碎
半把鲣鱼片
调味酱油

去掉茄子的蒂,将茄子纵向切开,以便之后更容易剥皮。将整个茄子在烤箱里烤至表皮变黑。当茄子烤至全黑时,将茄子取出。

当茄子冷却后,从上到下将茄子去皮。把茄子切成4块,将其放在盘子里,放入生姜末、鲣鱼片和调味酱油,即可食用。

你也可以在烧烤架上烤茄子。不过别忘了切掉茄子的蒂或将茄子切块,否则它会"爆炸"。

商店街

日本的团队精神

5名厨师，18天的火车旅行，就是为了寻找令人振奋的料理，并进一步发现和品尝尽可能多的食物。火车上和便利店的早餐，餐馆的午餐，遍布整个城市的精彩的晚餐，一切都以一种疯狂的速度进行着。从我们自己的厨房走出来，释放所有的压力：这就是我最近去日本旅行的想法。2016年秋天，我和我的4个同事：彼得简、贝努瓦、西斯卡和劳伦斯开启了日本的美食之旅。我们一共坐了大约60次火车，我们使用日本针对外国游客的JR pass优惠通行证，可以在全日本无限次乘坐火车。在整个旅途中，我们每天会出去用餐4~5次，每次都很随性：只要价格便宜又近的餐馆就行。这是一次疯狂的食物探险。

我们的行程包括福冈及其周边短途旅行，还有大阪及其周边的短途旅行。后来，团队的其他成员返回比利时，我因为要和美穗、朋子赴另一场东京的美食之旅，所以要多待一段时间。

我们到达大阪时，美食探险就开始了。日本几乎全境都可以找到便利店，如7-11、全家和罗森等，它们提供了一个"小吃的世界"。我们一到便利店，就买了很多小吃，每种大约1欧元。店中每天的食物都是新鲜的。我们买了十多种小吃，这是我们到达大阪后的第一顿小吃！我们点了鸡蛋火腿奶酪三明治，这种做法我在意大利也见过，当地称之为"tramezzino"。

三明治在我们嘴里融化了。另外，**鸡肉三明治**也很好吃。在之后的旅途中，我们都会在便利店吃早饭。便利店真是一个伟大的存在！

在日本，凭借JR pass，你可以坐火车去任何你想去的地方。吃完早饭后，我们的旅程就开始了。我们那天的最终目的地是福冈，总共3小时的旅程，但我们的第一站是冈山。在那里，我们吃了可以说是我们吃过的豆腐中最美味的。我们推开一个小推拉门，迎面而来就是日本餐厅传统的布帘。我们小心翼翼地将头探进布帘往里面看。一位友好的女士带我们去了吧台，并且热情地对我们说"dozo"（请坐）。她告诉我们她每天是怎么制作新鲜的豆腐，并带我们去看位于餐厅后面的作坊。她继续用日语解释着制作的全过程。我们非常礼貌性地回应，并表现得好像完全听懂了她的日语解释。

如果你认为豆腐的味道很单调，这里有一个恰当的比方。你可以在当地的超市买到马苏里拉奶酪，还有正宗的意大利布拉塔奶酪。豆腐店的豆腐就如同布拉塔奶酪的体验。我们还点了**蔬菜豆腐泥、豆皮汤盖饭**和**酱油冷豆腐**。

我们漫步穿过冈山的后乐园——一个非常宁静的漫步地点。在花园外，我们和餐厅的主厨聊了起来。他是个非常优秀的年轻人，刚刚成为父亲。他告诉我们，他曾经是一名背包客，

四处旅行，他期待着可以再次环游世界的那一刻……他的餐馆坐落在湖边的一片平地上，远眺可以看到冈山城。餐厅里的布置非常吸引人：木椅和木桌，这和餐厅内部及周围环境搭配得很和谐，简直太完美了。在那里，我们一起品尝了新制作的**牡蛎乌冬面**和蔬菜炒乌冬。牡蛎来自广岛，味道极佳。面条的口感介于弹牙和柔软之间。新鲜、手作的乌冬面真好。蔬菜做得也很完美，表皮是酥脆的。每个人都品尝了乌冬面，每个人都很高兴！但最重要的是，每个人仿佛都置身于日本的最深处。

63

鸡肉三明治 チキンカツサンド
CHICKEN KATSU SANDO

这是汤姆最喜欢的早餐。

1个柠檬的柠檬汁

2汤匙橄榄油

½茶匙盐

16片白面包，去掉面包皮

日式蛋黄酱

½黄瓜，切碎

8大汤匙炸猪排酱汁（见第203页）

⅛个卷心菜，切碎

8块炸鸡排（见第27页）

此为8人份食谱。首先制作凉拌卷心菜。将柠檬汁、橄榄油和盐加到卷心菜碎里，拌匀。

把白面包片切成三角形。用2片三角形面包片做成1个三明治。在1片三角形面包片上涂上日式蛋黄酱，放上黄瓜碎。另一片三角形面包上淋上炸猪排酱汁，放上凉拌卷心菜。把炸鸡排夹在2片面包片的中间。

便当

蔬菜豆腐泥 野菜の白和え
YASAI NO SHIRAAE

豆腐泥使蔬菜有一种温和的味道。再加上烤芝麻，便是一道丰盛的素菜。

250克北豆腐

5厘米长的胡萝卜，切碎

200克菠菜

3汤匙烤芝麻

4汤匙糖

2汤匙酱油

用纸巾把豆腐包起来放在微波炉里加热。不盖盖子，将豆腐在微波炉中以600瓦加热5分钟。把胡萝卜放在一个有盖子的盘子里，在微波炉中以600瓦加热2分钟。把菠菜放入滚开的盐水中焯几秒钟然后沥干。将煮好的菠菜放在冰水中冷却，然后挤掉多余的水。平底锅里不放油，把芝麻放在锅里炒制，炒至其散发香味为止。趁芝麻温热，把它们倒进食物搅拌器里搅拌。把芝麻稍微磨碎，但不要磨成粉。把豆腐放在碗里，用叉子捣成泥。在豆腐泥里加入碎芝麻、糖和酱油并拌匀。把蔬菜和豆腐泥混合。

你也可以用其他蔬菜制作。柿子切碎也非常适合制作这道菜。

商店街 午餐

OKABE
冈山县冈山市北区1-10-1，700-0822
营业时间：周一至周三/
周六、周日，11: 30—14: 00

── 蔬菜豆腐泥

おかべ

冷豆腐 （见第70页）

豆皮汤盖饭

蔬菜豆腐泥 （见第66页）

豆皮汤盖饭

豆皮是用煮豆浆时产生的豆浆薄皮制作而成的。其口感很棒。干豆皮更容易在市场上买到。13世纪，日本僧侣在中国学习时，曾将豆皮作为素食引入禅宗寺庙。豆皮也可以做汤，或作为装饰寿司或卷类食物的食材。

湯葉のどんぶり

YUBA NO DONBURI

900毫升出汁（见第196页）

2汤匙糖

1汤匙清酒

3汤匙甜料酒

120克干豆皮

4小碗煮米饭（见第198页）

3汤匙酱油

1茶匙盐

花椒粉（用来调味，可选用）

3汤匙土豆淀粉

3汤匙水

海苔片，切成丝

将出汁、糖、清酒和甜料酒放入锅中，拌匀烧开。加入豆皮，小火煮制3~4分钟，直至豆皮软化。将米饭盛到每个碗里。将煮好的豆皮过滤，并保留汤汁。把豆皮放在米饭上。

在汤汁中加入酱油、盐和花椒粉（如果使用的话），继续煮1分钟，然后关火静置。将土豆淀粉和水倒进碗里，搅拌均匀。将淀粉水倒入汤汁勾芡。将汤汁放回火上再次煮至沸腾。将汤汁从火上移开，用勺将汤汁浇在豆皮上，点缀上海苔丝。

OKABE
冈山县冈山市北区1-10-1，700-0822
营业时间：周一至周三/
周六、周日，11:30—14:00

午餐

冷豆腐 冷奴
HIYAYAKKO

这是一种非常简单、健康、低卡路里的食物。这道菜在日本很受欢迎。其配料（生姜、葱、鲣鱼片和酱油）的独特香味赢得了不喜欢豆腐的人的喜爱。所以试试吧！

豆腐1盒
（软豆腐，如内酯豆腐）

1茶匙生姜，切碎

1汤匙葱，切成葱花

1把鲣鱼片

酱油

小心打开豆腐的包装，以免把豆腐弄碎。将豆腐放在盘子里，切成6块或8块。用姜末、葱花和鲣鱼片装饰豆腐。把酱油倒在豆腐上即可食用。

你可以用其他配料来点缀这道简单的料理。如用芥末调味的切碎的刺身和或用味噌调味的熟肉末。

立食店

午餐

OKABE
冈山县冈山市北区1-10-1，700-0822
营业时间：周一至周三/
周六、周日，11：30—14：00

牡蛎乌冬面 牡蠣うどん
KAKI UDON

乌冬面是一种又粗又白的面条，经常用出汁作为乌冬面的汤汁。你会发现日本的车站附近有很多这样的立食吧，出售各种口味的乌冬面。

乌冬面80克

12~16只牡蛎肉

5厘米长的白萝卜，磨成萝卜泥

1.4升出汁（见第196页）

6汤匙酱油

½汤匙甜料酒

⅓汤匙糖

葱，斜切

根据包装上的说明，烹饪乌冬面。乌冬面煮好后，立刻将其放在冷水中，以免乌冬面过熟。用滤网将乌冬面沥干。将牡蛎放在一个大碗中，加入磨碎的萝卜泥。用萝卜泥搓洗牡蛎。当萝卜泥变成灰色时，牡蛎里的泥沙也就洗干净了。用冷水冲洗牡蛎，但不要破坏牡蛎的外形。将出汁、酱油、甜料酒和糖在锅里烧开。在高汤中加入牡蛎煮制，一旦牡蛎煮熟，立即将其捞出。将乌冬面和葱放入沸腾的高汤中煮制，煮好后关火。将煮好的汤和乌冬面盛到4个碗里，放上牡蛎，即可食用。

你可以用荞麦面代替乌冬面。在日本餐馆，对这道面食你可以自由地选择乌冬面或荞麦面。如果你把天妇罗放在乌冬面上，就是天妇罗乌冬面。

后乐园

后乐园1-5，冈山北区，冈山市703-8257

午餐

营业时间：10：00—18：00

福冈：猪骨拉面的圣地

我提前订了一个日式客栈，所以我们可以从一开始就睡日式的榻榻米。日式旅馆是典型的日式住宿方式，旅馆通常都配有温泉。我非常喜欢日式的澡堂文化。那是一个相当古老而传统的旅馆，有完美的氛围、全木质结构、滑动木门、榻榻米、蒲团等。你可以穿上木屐和浴衣（非正式的和服），然后去做水疗。这是一种在旅行中非常理想的放松方式。这里有一个有趣的细节：西斯卡没有注意，她立刻去了"公共汤"里洗澡，而不是先使用浴室里的淋浴。

洗完澡休息片刻后，我们就直接外出寻找屋台和小吃车。福冈是屋台文化的中心，全福冈大约有150个屋台。老实说，我们第一次见到屋台是在福冈的天神附近，那次并不顺利。我们有5个人，但很明显一个屋台只能容纳6~8人，很难有5人的空位。我们到达的时候大约晚上8点，所有的屋台都已经满座了。所以我们决定暂时分开：贝努瓦、西斯卡和彼得简坐在一个屋台，我和劳伦斯去了串鸟屋。我们点了各种**炸串**。柜台上有蘸酱，但是旁边立了一个牌子，上面写着"只能蘸一次"，从卫生角度来看，这是合乎逻辑的。但是他们对此非常严格——你只能蘸一次！否则你将被赶出去。他们还提供卷心菜，如果你想加点儿酱汁的话，你可以用一片卷心菜蘸酱汁。

我们随后又去找小伙伴了，我们一起开始了一次极端的食物探险。我们在狭窄的街头巷尾挨个试吃。我仍记得猪肝和芝麻面糊球，尤其是在一家名叫"Kawaya"的店里买的**煎鸡肉串**。没有人能阻止我们。在回家的路上，我们甚至因为一个屋台而停下脚步：在一个大锅里炖着各种食材：萝卜、鸡蛋和鱼饼在高汤里炖煮（**关东煮**）。我点了所有我好奇的关东煮，我的那份很快就和**芥末**一起端上来了！萝卜在高汤里炖煮了好几个小时，所有的东西都是配以芥末食用。我想，我正在吃hutsepot（一种比利时的什锦蔬菜土豆泥）。但关东煮是一个真正的冲击——那是原始味道的记忆，是纯净的灵魂食物！

第二天，劳伦斯、贝努瓦和我很早就醒了，而西斯卡和彼得简还在睡觉。我们三个人决定去寻找真正的**猪骨拉面**。劳伦斯不能接受在一大早就吃油腻的拉面，所以他早上在路上吃了**蛋包饭**，但贝努瓦和我去体验了真正的猪骨高汤。然后我们在福冈找到了一个很棒的鱼市场。那里整天都营业，出租车司机在那里用餐，工人们也在那里吃早餐。这汤太美味了，并且非常朴素——只有拉面、高汤和**叉烧**，但不得不说这次体验是一次舌尖上味觉的爆发。

后来，我们偷偷溜进了鱼市。那种鱼市并不对普通大众开放，但我们还是进去了。这种类型的市场总是有一些寿司店。在那里，我们品尝了**海鲜盖饭**，这成了这次旅行的心灵启示。这道料理是由米饭做成的，并且很温暖，米饭上有一片紫苏叶。将一大片紫苏叶放在顶部，然后将刺身放在紫苏叶上。所有的食材都调过味，如加入了一些酱油和芥末。我们只花了4.5欧元，或者说花500日元（约人民币32元）就吃了一顿大餐！海鲜盖饭里面有新鲜的鲭鱼片。这简直是完美的米饭和完美的刺身的组合！这对我来说是全新的，当然那个地方还是要保密的。"我们本不应该出现在这里。"淘气的男孩们巧妙地溜了进去。有时，你只需要有一些勇气。

我们在无印良品遇见了我们的另一半团队成员。我们5个人一起去海边散步，然后去了福冈塔——但这并不意味着我们不吃东西了。我们在熟食店买了**生姜沙丁鱼**、**芝麻拌菠菜**和**土豆沙拉**。土豆沙拉看起来与日本没有什么联系，但它在日本仍然很受欢迎。

在这个城市的另一个地方，我们的第二次屋台体验成功了。那个时候，我们变聪明了。在屋台出摊前，我们就已经到了。屋台是一个接一个，用摩托车拖进来的。空啤酒箱堆在一起作为椅子，塑料帘挂在周围用来遮挡，火是现生的。你能真切地感受到即将到来的美食盛宴。

我们找了一家屋台坐下，很快就吃饱喝足了。一位友善的屋台老板向我们介绍他家的料理。最让我难忘的是本地特产——**紫苏叶卷明太子天妇罗**：外面是炸得酥脆的天妇罗外壳，里面是新鲜的紫苏叶包裹着柔软的鱼子，柔嫩的质地和明太子的咸味太完美了！明太子在嘴里炸裂的感觉太棒了！

我们的福冈美食之旅就要结束了吗？你觉得呢？很多的拉面和传统的猪骨拉面完全不同。我们的团队中有一半人吃了**青酱拉面**。它太棒了！罗勒完美地弥补了猪肉的口感。其他男孩去吃了隔壁家的**蘸面**。这是和拉面相反的食用方法：拉面和汤是分开的。汤有热汤或冷汤。店家会给你一碗高汤和蘸汁，你可以把拉面放进汤中蘸食。蘸面又一次让我们心动了！

炸串 串カツ
KUSHIKATSU

大阪也以炸串闻名。你甚至可以在炸串店品尝油炸香草冰激凌。你可以油炸任何你能想到的食物！

400克猪里脊肉，切成边长4厘米的猪肉块

8根绿色芦笋，每根4厘米

8个香菇，去蒂，切半

200克卡门贝尔奶酪，切成8块，用20~30厘米长的签子串起

面糊

2个鸡蛋

200克面粉

200毫升牛奶

面包屑

酱汁

炸猪排酱汁（见第203页）

把鸡蛋、面粉和牛奶放在碗里，搅拌成面糊。把食材串在签子上，每次在签子上串2块或3块猪肉，另一串串上2根或3根芦笋，在第3根签子上串1片或2片香菇，在第4根签子上串1块奶酪。

把面糊和面包屑放在不同的盘子里。将串好食材的签子蘸满面糊，抖掉多余的面糊，再裹上一层面包屑。

将煎锅里的油加热到180℃，把烤串炸成金黄色。奶酪不要炸得太久，否则它们会在锅里爆炸。用纸巾把签子上的油吸干，搭配炸猪排酱汁蘸食。

居酒屋　立食店

八重胜
大阪府浪速区惠美须东3-4-13，556-0002
营业时间：10：30—21：30
休息日：每周四及每月的第三个周三

煎鸡肉串

焼き鳥（ねぎま）

YAKITORI (NEGIMA)

这是一道全世界闻名且非常受欢迎的菜。日本的许多餐馆专门做日式串烧。你可以品尝鸡肉不同的部位。在这里，我们来介绍一道用大葱制作的典型的串烧。

600克鸡里脊肉
（去皮、去骨）

2汤匙酱油

2汤匙甜料酒

1汤匙清酒

1汤匙糖

2根大葱，
切成长3厘米的段

植物油

日本七味粉

把鸡里脊肉切成3厘米的段。将酱油、甜料酒、清酒和糖放入碗中混合，直到糖完全溶解。把鸡肉段和大葱交替串到签子上，每串串上3块鸡肉和2段大葱。在煎锅里烧热油，把烤串煎制约2分钟，再翻面煎制。盖上锅盖，用中火再煎制5分钟。把签子取下来，把酱汁倒进锅里。中火加热，使酱汁变浓稠。搭配七味粉食用。

你可以将酱汁放在冰箱里储存很长时间，也可以用在其他菜肴上，比如炒菜或煎三文鱼。

除了七味粉，也可以用一味粉。一味粉其实就是辣椒粉。

居酒屋　　立食店

KAWAYA
福冈市中央区1-15-7，810-0012
营业时间：17：00—午夜

关东煮 おでん
ODEN

关东煮是日本冬季的特色食物。冬天一到，天气就变冷了，这道菜在屋台和居酒屋很常见。你甚至会发现，在便利店也可以买到关东煮。关东煮让我想起了火锅，尤其是配了芥末，就更像火锅了。

1个中等大小的萝卜

1升出汁（见第196页）

3汤匙甜料酒

2汤匙淡味酱油

1汤匙盐

10块（5厘米×2厘米）
炸豆腐

4个煮熟的鸡蛋，去壳

8片鱼饼

芥末

将萝卜削皮，切成3厘米高的圆柱体。将出汁烧开，加入甜料酒、淡味酱油和盐。加入萝卜，煮制45分钟。锅中添加炸豆腐、鸡蛋和鱼饼。配以芥末食用。

将关东煮放在冰箱里过夜，第二天再加热，味道会更好。

其他可供选择的食材包括南瓜、芋头、魔芋、年糕及其他形式的鱼饼等。

立食店　便当

拉面店

我第一次见到拉面是在日本的一部关于宗教的电影《蒲公英》中。这部电影让我有了在根特开面馆的想法，于是我在根特开了一家叫"拉面吧"的拉面店。拉面已经征服了世界。历史片段显示，拉面在第二次世界大战后的日本变得很受欢迎。日本战败后，美国人开始在日本销售他们的小麦，接着日本人用小麦粉开始做拉面。那么拉面为什么如此特别？拉面有一定的弹性，它只含有水、小麦粉和碱。碱是两种盐的组合——碳酸氢钠和碳酸钾。碱最初源自中国的一个湖泊，它包含上文提到的两种盐。因此拉面起源于中国。

拉面通常是佐以高汤。事实上，这道高汤应该是猪肉高汤，其味美而且油脂丰富。几年前，在参观伊凡拉面时，我遇到了另一种选择：拉面底汤是用一半出汁和一半鸡汤混合而成的。因此，在我自己的拉面吧，每周都会买切分鸡来熬制鸡汤，然后将它和出汁混合。我们选择了这种混合底汤是因为这里的人们还没有准备好接受正宗的猪肉高汤。此外，日本人更喜欢猪肉高汤是因为它富含油脂，所以拉面的味道很浓郁。

"拉面"这个词很简单，但每个厨师和拉面店有自己的执念，而且这种执念是无止境的。如果你看了电影《拉面女孩》，导演是罗伯特·艾伦·阿克曼（这部电影于2008年上映，它还向导演伊丹十三于1985年拍摄的著名电影《蒲公英》致敬），你就能了解这种执念。你可以说拉面厨师太疯狂了，但对料理的执念绝对可

以是这样认真的。两部电影都描绘了巨大的挑战和要制作最好的拉面的激情。厨师们都在努力地做他们自己的拿手菜（独家配方）。厨师们花好几个小时烹调新鲜的食材，是为了制作出美味可口的高汤。几乎日本的每一个地区有自己特色的拉面。札幌有众所周知的味噌拉面。在广岛你可以经常吃到蘸面，这是一种只有蘸汁没有高汤的拉面。福冈以猪骨拉面而闻名，这意味着它的底汤是猪肉高汤。更不用说，时髦的东京会拥有着众多有创意的拉面品种。

那么如何定义拉面呢？它是基于拉面的食用方式——用高汤或者蘸汁食用，以及调味料和酱汁。盐味拉面是以盐味酱来调味，酱油拉面是用酱油底来调味，还有味噌拉面，是用味噌酱来调味。碗中加几茶匙酱料，将高汤倒入碗中，然后放入拉面，最后放上配菜和调料，一碗拉面就做好了。

也许拉面最吸引我的还是创造力。在日本，很多的料理都标准化，但拉面是例外。日本人对拉面的态度远不止于灵活，我们的拉面吧也是如此。在拉面吧，从开店的第一天起，我们的招牌菜就是**蔬菜拉面**。每周，我们会用芹菜、大葱、茴香和洋葱来制作50升高汤。另外，我们还提供额外的调味料——用黄油、海苔和香菇混合制成。我们把这种调味料和酱油混合。拉面的其他配菜包括羽衣甘蓝、香菇、葱丝、竹笋和半熟鸡蛋。

蔬菜拉面 ベジラーメン
VEGE RAMEN

制作4人份

6朵干香菇，泡发，切成丝

4汤匙酱油

4汤匙米醋

4汤匙糖

8汤匙盐味酱（见第204页）

4份拉面

200克羽衣甘蓝，切碎

2个酱油腌鸡蛋，对半切分（见第202页）

4汤匙腌竹笋（见第202页）

2根葱，切成丝

1片海苔，切成6厘米×6厘米的片

1升蔬菜拉面汤（见第200页）

4汤匙海苔黄油（见第203页）

首先腌制香菇。锅中放入酱油、米醋和糖，加热将糖溶解。将锅从火上移出，加入切碎的香菇。

碗中放1汤匙海苔黄油，2汤匙盐味酱。其他3份也如此操作。把拉面煮熟。加热蔬菜拉面汤。

在每个碗里放一份拉面。在碗中放入羽衣甘蓝、香菇、半个鸡蛋和腌竹笋。把汤倒在碗里。最后在碗的中央放入葱丝，碗边放入海苔片装饰。

猪骨拉面

とんこつラーメン

TONKOTSU RAMEN

最初拉面汤是拉面的核心：拉面汤的口感和外观都很油腻，简直就是卡路里的雷区！

制作2人份

500毫升猪骨汤

2份拉面

2汤匙盐味酱
（见第204页）

1汤匙猪油

½茶匙鲣节盐（见第199页）

200克切片的叉烧
（见第203页）

2根葱，切成丝

几片海苔，
大小为8厘米×4厘米

将猪骨汤加热，把拉面煮熟。

将盐味酱放入面条碗中，加入猪油和鲣节盐。在碗中倒入少量猪骨汤，这样猪油就会融化一点儿。加入拉面。再将剩余的猪骨汤倒入碗中，覆盖拉面。最后撒上葱丝，碗中放入叉烧，在碗边放1片海苔片。其他几份也按照此方法重复制作。趁热食用。

蛋 包 饭 オムライス
OMURAISU

这个名字是典型的日式英语——由 "煎蛋饼"（omellete）和 "米饭"（rice）
组合而成。它的起源有各种各样的说法，但无论如何，它出现于20世纪早期。
它很受孩子们的欢迎（孩子们可以用酱汁在蛋包饭上画画），当然大人吃蛋包饭
时也可以这样做。有一些餐厅专卖蛋包饭，制作各种口味的蛋包饭。

1个小洋葱，切碎

1瓣大蒜，切碎

120克腌制培根，切成丁

4小碗米饭
（见第198页）

5汤匙番茄酱

1汤匙植物油

盐和胡椒粉

煎蛋饼
8个鸡蛋

100毫升牛奶

4汤匙日式蛋黄酱

40克黄油

在煎锅里将油烧热，加入洋葱和大蒜煸炒。加入培根，
炒至酥脆且呈金黄色。加入米饭，炒3~4分钟。然后加
入番茄酱搅拌翻炒。再翻炒1分钟，加盐和胡椒粉调味。

把鸡蛋、牛奶和日式蛋黄酱放在碗里打匀。在另一个单
独的煎锅里加热黄油，直到黄油融化一半时，加入蛋液
混合物，煎10秒钟。然后稍微用木勺翻炒，混入一些
空气。将蛋饼的底部煎熟，顶部仍是流动的状态。将锅
从火源移开。

把之前炒好的米饭舀到4个盘子里，然后把煎好的蛋饼
盖在米饭上。最后涂上番茄酱，趁热食用。

也可以用其他酱料来代替番茄酱，例如白汁酱（贝夏梅
尔酱）。

在东京有一家叫Taimenken的餐馆，在那里你可以吃到
电影《蒲公英》的导演特制的蛋包饭。

午餐

海鲜盖饭 海鲜丼

KAISEN-DON

这是在鱼市场典型的日本料理。如果用新鲜的鱼制作，将是一款诱人的美味！它的制作过程非常简单，其色彩鲜艳，美味无法抵挡！

4小碗煮米饭
（见第198页）

500克混合海鲜
（三文鱼、金枪鱼、扇贝、
三文鱼鱼子等）

酱油

芥末酱

将鱼肉切成5毫米厚的片。碗中放入米饭，至碗的一半。将鱼片等食材整齐地放在碗中，盖在米饭上。搭配芥末和酱油食用。除了鱼，为了使整体看起来更鲜艳，你也可以添加其他食材，如黄瓜或玉子烧（见第162页）等。

午餐

生姜沙丁鱼 イワシの煮付け

IWASHI NO NITSUKE

沙丁鱼在日本一直很受欢迎。人们经常吃沙丁鱼，它可以做成沙丁鱼刺身，沙丁鱼天妇罗和烤沙丁鱼等。生姜可以去除鱼的腥味，同时也增加了香气。日本人从古至今一直在享用这道经典的菜肴。

8整条沙丁鱼，
去鳞清洗后剥皮

腌料

4汤匙酱油

4汤匙甜料酒

4大汤匙清酒

4汤匙糖

200毫升（1杯）水

3厘米长的生姜，切丝

装饰

1把细香葱，切碎

把沙丁鱼切成3厘米长的段。在高压锅放入所有的腌料。把沙丁鱼放入腌料中，将锅盖密封。开大火至高压锅开始加压。然后继续小火炖煮20分钟。关火静置20分钟。趁热或冷却以后，撒上葱花。

沙丁鱼富含不饱和脂肪酸和辅酶Q10。因此，它有利于血液循环和平衡胆固醇。

商店街

芝麻拌菠菜

ほうれん草の胡麻和え

HORENSO NO GOMAAE

和味噌汤一样，这会是你在烹饪学校学习的第一道菜。你经常能在便当里看到它。它不仅拥有漂亮的绿色，而且能够让便当营养均衡。

这个食谱的秘诀是将热芝麻磨碎。这会使芝麻的味道更加浓郁。

500克菠菜

3汤匙芝麻

2汤匙酱油

1汤匙糖

1汤匙甜料酒

1汤匙出汁（见第196页）

将菠菜在滚开的盐水中焯几秒钟，沥干。将菠菜放入冰水中冷却，挤掉多余的水。把芝麻放在平底锅里烤制，不要放油，直至烤出香味。将烤好的热芝麻放进食物搅拌机里搅拌。将芝麻稍微磨碎，但不要打成芝麻粉。在碎芝麻中加入酱油、糖、甜料酒和出汁，混合均匀。把菠菜和调好的芝麻酱汁拌匀。

四季豆是菠菜的完美替代品。

甜酱肉丸 ——
（见第99页）

芝麻拌菠菜 ——

甜酱肉丸 肉団子のあんかけ
NIKUDANGO NO ANKAKE

这道菜很受孩子们的欢迎，经常出现在便当里。

肉丸
400克猪肉末
（或混合肉末）
1个中等大小的洋葱，切碎
1汤匙姜末
1个鸡蛋，轻轻搅匀
5汤匙日式面包屑
盐和胡椒粉

酱汁
1汤匙甜料酒
300毫升出汁（见第196页）
或鸡汤（见第200页）
2汤匙酱油
2汤匙糖
2汤匙土豆淀粉

装饰
烤芝麻

将肉末、洋葱碎、姜末、鸡蛋放入碗里搅拌。加入盐和胡椒粉，用手拌匀。将肉馅揉成直径3厘米的肉丸。平底锅内烧水。把肉丸放入水中煮制，直到它们从水中浮起。把肉丸沥干，用纸巾擦干肉丸表面的水。把所有的酱料都放到平底锅里，稍加搅拌，再煮沸。不断搅拌，直到酱汁变稠。把肉丸放入酱汁中，用小火再煮5分钟。将肉丸和酱汁混合均匀。撒上芝麻即可食用。

糖醋酱和肉丸也很配。

商店街

便当

　　"便当"这个词是如此诱人，它给予我一种
幸福的感觉。它听起来充满了爱(虽然我通常在
商店购买便当)，并且它的美味总让人满足。我
相信便当是日本料理的基石之一。这让我想起
了比利时的一句俗语："你的肚子里天生就有一
块砖"，其意思是你渴望建造自己的房子。这
句俗语的日语版可以是 "你肚子里天生就有便
当"(我不得不说，这听起来更正常一些)。简
单来说，便当就是 "准备好的"可以带走的快
餐，但是组合是多种多样的。当我参加幼儿园
的郊游活动时，我总是带着母亲给我准备的便
当。后来，上中学了，我几乎每天都从家带便
当。便当在日本随处可见：车站、便利店、超
市和专门的便当店，在那里你可以买到热的或者
刚做好的便当。日本的便利店不仅仅停留在名字
表面的意义上。所有的便利店都努力以烹饪理念
和创意使自己在竞争中脱颖而出。在工作日的午
餐时间，我有时会在路边摊购买便当，就像汤
姆和卢克访问日本的时候，我也是带他们购买街
边的便当。便当是五颜六色的，它们健康且美
味。虽然我并不认识制作便当的厨师，也看不
到他们，但是他们的留言显而易见："享用你的
美味，同时我希望我做的食物能让你度过美好的
一天。"

　　几年前，当导演是枝裕和来到根特电影节
时，我带给他一盒便当。后来，他说当他因时
差睡不着时，便当让他很享受，之后便安然入
睡。为了宣传他的最新电影，他从一个电影节
飞到另一个电影节，在根特电影节之前，他刚
参加完纽约的电影节。他特别想再来根特，因
为自从他的电影《无人知晓》获得了最佳电影
片奖后，根特电影节和根特这座城市在他心中就
占据了重要的地位。

　　便当在日本有很长的历史。最早在16世纪，
人们就开始使用典型的套盒来盛装便当，至今
套盒在茶道、聚会（比如樱花节）中仍被使用。
17—18世纪，演员们在歌舞伎或能剧的幕间休
息时食用便当。之后，很多食谱完全致力于介
绍制作便当的艺术。

　　便当这种饮食传统最初是母亲的象征。因
此，便当在日本是高度发达的，并以多样的形
式和品种在各地发展壮大。这也可以从流行语，
如 "爱心便当"或 "车站便当"（很多车站都
有自己的特色便当）这样的词中可见一斑。"爱
心便当"也叫 "爱妻的午餐盒"，就是丈夫对
深爱的妻子为他做的便当的爱称。温柔的妻子做
了卡通便当，或者以动画片里的可爱人物作造型
的角色便当等。

土豆沙拉 ポテトサラダ
POTETO SALADA

土豆沙拉是日本很受欢迎的小吃，也是便当盒里的常见品种。在日本的时候，汤姆一口气就吃完了这道沙拉。

3个中等大小的土豆
1根中等大小的未削皮
的胡萝卜
1个鸡蛋
半根黄瓜，去籽
1个洋葱
6汤匙日式蛋黄酱
盐和胡椒粉

土豆带皮煮熟。同样，将胡萝卜和鸡蛋也煮熟。将黄瓜和洋葱切碎，撒上盐，放置10分钟，然后用足够的冷水将它们冲洗干净。这样可以将它们本身的水分析出，从而使洋葱和黄瓜的口感爽脆。

将土豆去皮，鸡蛋去壳。将土豆放在料理机里打成泥状，并留一小部分土豆备用。将胡萝卜切碎，和土豆泥混合。把煮熟的鸡蛋捣碎，加入混合物中。将混合物冷却后，加入切碎的黄瓜和洋葱。加入日式蛋黄酱，用盐和胡椒粉调味。

商店街　便当

紫苏叶卷
明太子[注]天妇罗

明太子と紫蘇の天ぷら

MENTAIKO TO SHISO NO TEMPURA

在日本，炸明太子肯定不是一种天天需要使用的烹饪技术，但在制作这道小菜上，却是例外。这是辣明太子和紫苏叶的组合，这种组合会产生一种浓烈的、独特的味道。你也会喜欢酥脆的外皮和松软的生内馅之间的口感对比。

这道菜适合搭配清酒。

4块明太子
（约129克辣的鳕鱼鱼子）

4片大的紫苏叶

面糊

60克（½杯）面粉

50克（⅓杯）土豆淀粉

100毫升水（½杯）

1茶匙日式蛋黄酱

用竹签刺破明太子的薄膜，炸制时明太子不会爆裂。用紫苏叶将每一块明太子都卷起来，并用取食签将卷好的紫苏叶固定。把制作面糊所有的原料混合在一起，将面糊放入碗中，将明太子放入面糊中，并让紫苏卷裹满面糊。将炸制用油加热到180℃，炸制2分钟，直至外面酥脆、内馅保持生的状态时方可食用。

单是紫苏天妇罗本身也很美味。

居酒屋

[注] 明太子指腌制的辣味鳕鱼鱼子。

清酒与烧酒

昔日里疲惫的男人们下班后总会去居酒屋喝清酒。清酒要加热喝，用小碗啜饮。日本清酒是极少数加热后更好喝的酒类之一。据说体温是最理想的温酒器。但是这也取决于季节，有时也要加热到50℃~55℃。

除去感伤的形象，清酒对我而言也代表着纯净和神圣。在日本，你到20岁才可以喝酒，但是20岁那年的第一天对我来说是个意外。每年，我都会用一种特殊的漆碗喝屠苏酒（加入香料的热清酒）以驱除一年里的霉运，并祈求健康长寿。清酒的种类有很多，其取决于米糠的比重、自然酒精的添加、是否巴氏灭菌等。其中一个最为人熟知的种类是纯米酒，只用大米、水和酒曲（作为酵母）酿造，不添加酒精。当然，全书将会写到优质纯清酒的酿造。任何清酒的生产都是一个漫长的过程，而且只能靠人工操作。我想起一个非常精彩的纪录片——《清酒的诞生》（2015），它讲述了一个关于金泽的酿酒师的故事。自从观看了这部纪录片，我就总会想到艰苦的酿酒环境和人们为之做出的牺牲，而且每当我喝到手工酿制的清酒时都会心怀感激。清酒也是日本料理的重要部分，它常常被用作调料（字面义为"隐味"）。清酒是一种可以与许多食材融合的"灵丹妙药"。它不仅可以去除难闻的鱼腥和肉膻，还可以使肉质更嫩，并给食材提鲜。实际上你还可以用清酒蒸制任何食物：鸡肉、猪肉、蛤蜊、龙虾、蔬菜等。只要再加入少许酱油，你的日料就完成了！

在日本，"清酒"这个词往往指代普遍意义上的酒精饮料。烧酒也是一种典型的日本酒，人们有时把它与清酒混淆，而它也是一种历史悠久的国民饮料。清酒由大米酿制，而烧酒则由多种原料蒸馏而成。因此你可以将"清酒"（sake）翻译为"米酒"，而烧酒则用各种原料制作：大米、大麦、红薯、红糖、荞麦面、栗子等。许多人认为清酒的酒精度高，其实它的酒精度往往只有13~19度，烧酒才更具烈性（20~45度）。喝烧酒的方式有很多：与饭团搭配，用凉水或热水稀释饮用，与日本茶混合，或者作为一种甜鸡尾酒饮用。我最喜欢加冰块饮用，但是用热水稀释可能会让胃更舒服。当然，每个人都有自己的偏好，但是据说烧酒不会带给你一次糟糕的宿醉——对我来说的确如此。

在日本，人们会说"sake ni nomareru"，字面意思为"被清酒喝了"。如果你被清酒喝了，你就会失去控制，所以一切都要适度。中国有句古话讲道："酒为百药之长，饮必适量。"清酒和烧酒亦是如此。

青酱拉面 バジルラーメン
BASIL RAMEN

拉面是不受固定规则约束的。在汤姆的面馆，他用新加坡叻沙酱作为拉面的底汤。以下是一个青酱版本的拉面。拉面的优点是你可以随心所欲地尝试各种味道，并且可以添加不同风味的调料。

240毫升（1杯）鸡汤
（见第200页）

240毫升（1杯）出汁
（见第196页）

2份拉面

2汤匙青酱（见第204页）

1汤匙鸡油

1汤匙猪油

½茶匙鲣节盐
（见第199页）

200克切片叉烧
（见第203页）

2根大葱，切丝

2片海苔，8厘米×4厘米

将鸡汤和出汁放入锅中加热制作高汤。把拉面放入沸水中煮熟。将青酱放入面碗里，再加入鸡油、猪油和鲣节盐。将少量的高汤倒入碗中，使动物油脂略微融化。

碗中放入拉面，并在拉面之上放上叉烧。将做好的高汤全部倒入碗中。用葱丝装饰，并挨着碗边放入1片海苔。重复上述步骤制作第2碗拉面。趁热食用。

海鸣拉面
中洲3丁目6-23，博多区，福冈市810-0801
营业时间：周一至周六，6：00—18：00

蘸面 つけ麺
TSUKEMEN

蘸面也是拉面的一种，但其形式和拉面是相反的。蘸面是面条和高汤（或蘸汤）分开供应。蘸汤可以是热的，也可以是冷的。这是一道很美味的夏季菜肴。在东京的阿夫利（Afuri）拉面店，蘸汤里搭配了新鲜的柚子皮丝，使得整体有一种清新的味道！

蘸汤

1汤匙芝麻油

3厘米长的姜，切碎

2瓣大蒜

1汤匙豆瓣酱

250克猪五花肉，切条

100毫升（½杯）荞麦面蘸汁（见第28页）

250毫升水

拉面

1人份拉面

1个半熟的鸡蛋

50克叉烧（见第203页）

20克腌竹笋（见第202页）

首先，做蘸汤。在热锅里倒入芝麻油加热，放入姜末和大蒜。若干秒后，加入豆瓣酱。10秒钟后，加入猪肉条炒至变色。再加入荞麦面蘸汁和水，烧开。将蘸汤过滤。如果你想搭配冷蘸汤，将做好的蘸汤放置冷却。如果你想搭配热蘸汤，就趁热食用。

根据包装上的说明煮拉面。拉面煮好后，用冷水冲洗。将拉面、半熟鸡蛋、叉烧肉和腌竹笋放在盘子里。搭配冷或热的蘸汤食用。

拉面

在路上

从福冈出发，我们乘坐了新干线，前往熊本。日本的每个车站都是一个食物的天堂，那里有盒饭、外卖寿司等。所以在熊本车站，我们又储备了大量的食物，我们带着这些食物，坐上大巴，前往参观阿苏火山。这座火山离我们住的旅馆大约10千米，我们决定举行一场搭顺风车比赛。我们分成两组，看谁先能搭到顺风车去火山。西斯卡、劳伦斯和我（我们有3个人，其中有1个是女人，这样应该比3个男人会更顺利搭到顺风车）对抗彼得简和贝努瓦。我们的策略是对的，几分钟后，我们就搭上了顺风车。但当我们的车超过另一组后，司机因为那一组没有搭上顺风车而将车停了下来。换句话说，我们的比赛最终失败了，最后我们一起乘车去了阿苏火山。

又是一个令人难以置信的日本人好客的例子：我们的司机在阿苏火山等了我们1小时后又把我们送回阿苏村。当我们到达阿苏村时，我们还被邀请去他家。他的妻子给我们做了煎饺和蒸饺，都带有很强的蒜味。我们和一对日本夫妇坐在一起吃**饺子**，在他们的起居室里有啤酒和清酒，墙上还有一张相扑手（他们的儿子）的照片。在我们感到不自在之前，司机送我们回到了酒店。那个酒店就是阿苏背包**客基地酒店**。我非常推荐这家酒店：每晚20欧元，有窗帘、书籍等，之后进一步证实了，这是十分实惠的酒店。晚上，司机的妻子来了，给我们带来一张我们所有人在起居室里的照片。这是一次非常棒的经历。

在回福冈的旅途中，我们5个人去体验了一次真正的温泉。我们乘公共汽车去了黑川，这是全日本景色优美的温泉村之一。从中午11点到下午4点，我们挨个去了黑川的各个温泉浴场。温泉设施有一部分是纯户外的，有一部分是隐蔽的，有些在山洞里，有些甚至是男女混浴。我们和同事一起裸体泡在温泉里！泡温泉的感觉就像是从闷热的厨房里走出来。

所有的火车站都有一个或多个面包店。面包店在日本各地都有。它们可能是世界上最好的面包店。在黑川，我们吃了很美味的苹果蛋糕和**长崎蛋糕**。我很久都没吃过这么美味的蛋糕了！有的点心组合有点儿奇怪，但却十分美味，比如**咖喱牛肉面包**，或者是小圆餐包配荞麦面、乌冬面。

我们的下一个旅行目的地是广岛。我们到达著名的餐厅上野商店时，它已经关门了。这家餐厅烤鳗鱼的历史有115年。第二天早上，我们渡水到宫岛，那里简直是一个神奇的世界。在大多数关于日本的照片上你都能找到它：红色的鸟居矗立在水中。我们乘坐缆车，来到了这座海拔600米的山的山腰，沿着朝圣者走过的路线，一直爬到山顶。在那里，我们欣赏濑户内海的景色，我们甚至和广岛市隔海相望。这里的景色非常令人震撼，尤其是在秋天。我们决定在早上人少的时候再次登山。这次经历让我很享受。在朝圣者走过的路上漫步，是很特别的精神体验。我们下山时，找到了一大堆街

头小吃：贝努瓦吃了1个**蒸包**，我们其余的人则买了牡蛎和**鲷鱼烧**。

广岛的终极美食是御好烧，在广岛被称为广岛烧，相当于日式比萨。第二次世界大战刚结束时，这是穷人的晚餐。它是以卷心菜为原料，加上面粉、水和鸡蛋制作而成。这种混合物被放在铁板上，摊成煎饼。顺便说一下，你知道为什么我们的美食之旅要去广岛吗？因为这样我们就可以去Okonomi-mura，那里是一栋广岛烧的大楼，总共有3层、15个店铺。御好烧是真正的艺术品。我们一行5人坐在吧台前，凝视着鲣鱼片在滚烫的培根煎饼上"跳舞"。你可以用抹刀来切割广岛烧，将它分成几份。吃过3份之后，你简直就能滚着出门。

从广岛乘火车大约半小时，就到达了著名的清酒小镇——西条，在那里，到处都有可以试喝的清酒。我们穿梭在传统酿酒厂的烟囱之间到处试喝，然后微醺。第二天，我们乘船去了今治市，它在濑户岛的一侧。濑户的各个小岛都是以巨大的桥梁连接的，所以你也可以自驾到达这些小岛。当然，你也可以乘坐渡轮。严格的时间表非常考验整个系统。我们发现了其中的一个岛屿长满了柚子树和柠檬树。这太神奇了！然后我们坐公共汽车，通过长长的大桥，从一个岛穿梭到另一个岛，整个距离相当于金门大桥10倍的长度，只不过这里更像一个热带的环境，太壮观了！

第二天，我们去了另一个目的地——丸龟市，当地以乌冬面闻名。一些搞笑的事情发生了。我已经说过，在日本需要提前预订旅馆。即使你进了一家酒店，那里有很多空房间，如果你说你想要一个房间，他们就会很奇怪地看着你。尽管如此，我冒着没有任何预约的风险，没有提前预订房间，我再次发现"那不是该做的事"。所有的房间都是满的。一位路人一本正经地建议我们在铁路旁搭个帐篷。我们真诚地感谢他，最终我们找了一个招待所，女主人将2个麦克风放在我们手里，我们最后意识到我们进的是一个卡拉ok的房间。我们前仰后合笑了大约半小时，然后我们出去了喝了一杯，我最终也不清楚我们是否在里面睡着了。

日本的公共生活压力很大，人们有强烈的创造自己想象世界的癖好。例如，人们租用的"爱情旅馆"的一个亲密的空间，在里面游戏或者跳舞。或者他们会租几个小时的私人空间，远离个人压力。显然，卡拉ok房就是这个概念的一部分，你可以唱卡拉ok来愉悦自己。

当你在卡拉ok房里醒来时，你会做什么？你会跳上开往艺术岛直岛的火车。建筑师安藤忠雄已经在直岛建了好几个博物馆，我是他的忠实粉丝。带着宿醉，我们参观了Benesse House博物馆和地中美术馆。巧合的是，我们赶上了三年一次的濑户内海艺术节。那一整天完全奉献给了艺术，当同事们在等渡轮时，我快速泡了温泉。是的，卡拉ok房是没有浴室的。

饺子 餃子
GYOZA

饺子是一种令人难以置信的小吃！煎过的一面是脆的，没有煎的那一面是软的。

⅛棵白菜

10克姜末

½包切碎的韭菜

400克猪肉馅

200克虾，剥皮切碎

½汤匙的清酒

½汤匙芝麻油

1汤匙淡味酱油

¼茶匙糖

½茶匙黑胡椒碎

饺子面团

饺子蘸汁（见第202页）

把白菜切成块，最好是切软叶片的部分。将切好的白菜放入带网眼的洗菜篮，撒上盐。在洗菜篮上放置一块有重量的平板，静置1小时，这样可以使白菜里的水分析出。将白菜洗净并控干水。将白菜与姜末、韭菜、肉馅和剁碎的虾混合。

将清酒、芝麻油、酱油、糖和黑胡椒碎放在一个小碗里。加入肉馅、白菜和虾的混合物。拌匀。

手里放一张饺子皮，将饺子皮的边缘蘸湿。用茶匙将适量的肉馅放在饺子皮中间，将饺子皮对折起来封好，然后再将饺子皮的外侧捏成褶皱状。

在锅中放少许油，将饺子煎制30秒，直到饺子的底部变脆。在锅中加入100毫升水，然后盖上盖子。现在开始利用蒸汽蒸饺子。当锅中的水都蒸发完，饺子的底部看起来很脆时，揭开锅盖。食用饺子时，可搭配酱汁。

饺子可以有无穷无尽的变化。来创造你独有的饺子馅和风格吧！

当店は **食券制** で ございます。

元祖長浜屋台

长崎蛋糕 *カステラ*

KASUTERA

"长崎蛋糕"这个名字来自葡萄牙语"castela"（而这个词源自西班牙语 "Castille"），它的灵感来自16世纪传入长崎的葡萄牙甜点。事实上在那个时期，它的制作过程中没有使用乳制品，这或许可以解释为什么长崎蛋糕会发展成为最受人们欢迎且最著名的典型的日式甜点。长崎仍以长崎蛋糕闻名。长崎蛋糕拥有独特的、如丝般柔软的质地，蛋糕烤好后，用透明塑料包装将其包起来，然后在冰箱里存放一夜冷却。

30毫升（⅛杯）牛奶

1汤匙蜂蜜

2个鸡蛋

75克糖（⅓杯）

75克面粉（⅔杯），过筛

1汤匙植物油

烤箱预热至180℃。把牛奶和蜂蜜倒入平底锅中，直到蜂蜜完全溶解。将鸡蛋的蛋清和蛋黄分开，用搅拌器将蛋清打发。将糖和蛋清搅拌混合至其质地变得坚挺。把打好的蛋白放进一个大碗里，然后加入面粉。用刮刀小心搅拌。加入牛奶和植物油。再次搅拌均匀，直到面糊变得光滑。在蛋糕模具的底部和四周垫上烘焙纸，然后倒入蛋糕面糊（约20厘米x7厘米），轻敲模具底部，这样可以震出蛋糕糊里的气泡。

将蛋糕放入烤箱，以180℃烘烤10分钟，然后以150℃再烘烤20分钟。同时，在工作台上铺上一张长30厘米的微波炉保鲜膜。蛋糕烤好后，将其从烤箱取出，让它稍微冷却一下。把模具翻过来(当模具不再发烫时)，使蛋糕的顶部接触保鲜膜。将蛋糕脱模，趁着蛋糕还热，用保鲜膜把它卷起来。将蛋糕面朝上，放在工作台上。让蛋糕在室温下放置24小时。取下薄膜，将蛋糕切成2~3厘米的薄片食用。

蛋糕的边角最美味，所以自己留着吧。

商店街

咖喱牛肉面包 カレーパン
CURRY PAN

这是从一家日本面包店买的！下面是一个简化的版本。

2汤匙花生油

2个中等大小的洋葱，
切半后再切碎

200克牛肉，切碎

300毫升（1½杯）水

半小块日式咖喱块

2汤匙酱油

1茶匙玉米淀粉

面包

200克（2杯）煎饼粉

65克酸奶

1汤匙日式蛋黄酱

3汤匙面粉

1个鸡蛋

150克（1杯）日式面包屑

炸制用油

首先制作内馅。锅中放入花生油。用油煸炒洋葱，直到洋葱变软。加入牛肉馅炒至其变成褐色，再加入水。当水煮沸时，将日式咖喱块放入锅中直至其融化。用酱油调味。加入玉米淀粉让它质地变浓稠。离火冷却。咖喱必须有浓稠的质地。

把煎饼粉放在搅拌盆里，加入酸奶混合。在另一个碗中，将1汤匙水和日式蛋黄酱混合，再将其加入煎饼粉和酸奶的混合物中。

在工作台上撒上面粉。把面团揉成多个直径5厘米的小球。用擀面杖把球压扁，成为圆饼。用汤匙舀2勺咖喱肉馅，放入每个圆饼的中央。提起圆饼的边缘，将其密封。在饼上撒面粉。

在碗里轻轻打散蛋液。把日式面包屑放在碗里。把炸制用油加热到175℃。将牛肉面包浸泡在蛋液中，再蘸上日式面包屑，最后放到油锅里炸制3分钟。

商店街

蒸包 肉まん
NIKUMAN

面团

300克面粉

1茶匙干酵母

½茶匙盐

1茶匙发酵粉

2汤匙糖

1汤匙花生油

170毫升（¾杯）水

馅料

⅛棵白菜，将坚硬的地方
切除，然后切碎

½茶匙盐

300克猪肉馅

2根葱，切成葱花

4个干香菇，泡发15分钟，
去掉坚硬的部分，再切碎

3厘米长的姜，去皮，磨碎

1汤匙芝麻油

1汤匙酱油

1汤匙清酒

1茶匙糖

½茶匙黑胡椒粉

1汤匙玉米淀粉

6汤匙水

首先制作面团。把面粉、酵母、盐、发酵粉、糖和花生油在搅拌盆里混合。逐次加入水，将混合物揉成光滑坚实的面团。把面团捏成长棍状。将棍状的面团切成4~5厘米长的段。在工作台上撒一层薄薄的面粉。把切成段的小面团揉成圆球。把球放在抹了油的烤盘上。用茶巾盖上静置1小时。

然后制作馅料。把白菜放在滤水篮里，撒上盐，在滤水篮上面放压一个重物，静置30分钟。然后用足量的水冲洗白菜，控干水。碗中加入肉馅、葱花、香菇碎、姜末。用芝麻油、酱油、清酒、糖、盐和黑胡椒粉调味。在玉米淀粉中加入水，和猪肉馅混合。将所有的原料揉在一起。在工作台上撒上面粉。

拿起一个面球，然后用手把它压成面饼。将1½汤匙的馅料填入面球的中心。提起面饼边缘并将面饼密封。在蒸笼里放上烘焙纸，再把蒸包放在烘焙纸上。在蒸笼下方放入水，将蒸包蒸10分钟。

包子是很美味的早餐选择！

商店街

便当

鲷鱼烧 たい焼き

TAIYAKI

自明治时代起，鲷鱼形状的蛋糕模具就在日本出现了，它们被用来做这种特殊的蛋糕。鲷鱼在日语里是"tai"，也就是幸运（medetai）的意思。因此，这个蛋糕也是一个象征，它会给你带来好运。这个蛋糕也让美穗想起了她的学生时代，那时她住在一家鲷鱼烧店铺的隔壁。鲷鱼烧的味道好极了，时至今日，美穗仍无法抗拒新鲜出炉的鲷鱼烧。

面糊

100克面粉

1茶匙小苏打

80毫升（⅓杯）水

50毫升（⅕杯）牛奶

½汤匙糖

盐

把所有的面糊材料在碗里混合。将面糊盖好，然后在冰箱里冷藏静置1小时。

将鲷鱼烧模具（一种鲷鱼形状的华夫饼锅）擦上油。把面糊倒入模具中摊平，把蜜红豆放在鱼的中间。再把面糊舀到红豆上，盖上鲷鱼烧模具的盖。烘烤3~5分钟，直到糕点成型，呈金黄色即可食用。

你也可以用厚厚的卡仕达酱代替蜜红豆。

内馅

200克蜜红豆（见第206页）

商店街

鸣门鲷烧本铺

浅草桥1-9-1，台东区，东京都 111-0053

营业时间：10：00—22：00

蒲烧鳗鱼 うなぎ/あなごの蒲焼
UNAGI / ANAGO NO KABAYAKI

据说在日本炎热、潮湿的夏天，吃鳗鱼会让你恢复精力。当你出汗时，你很容易缺乏维生素B，这就容易导致疲劳。鳗鱼饱含大量的蛋白质和维生素B，鳗鱼饭一般是装在盛满米饭的便当盒里。

鳗鱼片（去骨）

400毫升（2杯）酱油

200毫升（1杯）甜料酒

2汤匙清酒

2汤匙糖

四川花椒粉

将烤箱调至架烤挡。将鳗鱼切成10厘米长的段。将鳗鱼放在烤箱里烤至表面焦脆，呈金黄色即可。翻面烤至八成熟。将鳗鱼从烤箱里取出。

将酱油、甜料酒、清酒和糖放入加热的锅中搅拌均匀，制作酱汁。当酱汁沸腾时，把火调小，加入鳗鱼。大约用文火煮制5分钟。

把鳗鱼从酱汁里拿出来，再将其放入预热过的烤箱中炙烤两面，使表面的糖皮成型。把鳗鱼从烤箱里拿出来，放在一个大浅盘上。在鳗鱼上淋上少许酱汁，然后用花椒粉装饰。

鳗鱼不仅富含维生素B，还富含维生素A、Omega-3和不饱和脂肪酸。换句话说，它有益于大脑和降血脂，并且对皮肤和眼睛也很好。另外，吃鳗鱼也能增强免疫系统。海鳗也可以用同样的方法制作。海鳗含有较少的脂肪，味道也较清淡。广岛因海鳗而闻名。

上野商店
廿日市1-5-11，广岛县，
广岛市739-0411
营业时间：10:00—19:00

午餐　火车

御好烧：
广岛烧和大阪烧

我出生在大阪，但在家里我们总是吃广岛烧，换句话说，就是御好烧的广岛版。这是因为我的父母来自广岛。所以，我们最喜欢的大阪的御好烧餐厅也是广岛的风格。它位于美章园，靠近天王寺的繁华地段，从我们家开车二十几分钟就到。我们经常不提前预约就过去，所以到餐厅时总要等位。等位区域有很多漫画书，供等位的客人打发时间。这家餐厅非常小，比一个柜台大不了多少，并且位于铁道下，所以火车在头顶上驶过时发出的轰隆声对我来说是一种怀旧的回忆。

这家餐厅被多家杂志评为最好的御好烧餐厅（这对满是大阪烧的大阪来说是不言而喻的），那里的氛围"小而友善"，从未改变。在柜台的另一边，我始终能看见两个快乐的姐妹一边聊天一边做饭，从不间断。她们称呼我父亲"哥哥"，称呼我妈妈"妹妹"。我父亲在结婚之前，就是餐厅的常客。一次，我们点的御好烧准备好了，她们问我的父母是否我想要芥末酱（事实上吃御好烧一般不加芥末酱，我在那之后很久才开始吃芥末）。每一次，她们都感叹女孩(也就是我和姐姐)已经长大了。姐妹中有一人的女儿远嫁到了美国，那时的我还是个孩子，我觉得美国听起来太遥远了，我几乎不能想象她只会说日语，将怎样在那里生存。她拥有一头长长的秀发，显得那么自由，对此我仍然很崇拜。现在，我在根特，用外语在讲述她们的故事，配上音乐人坂本龙一的背景音乐。我从很小开始，就是坂本龙一的粉丝，今年我在根特见到了他。你永远不会知道你的生活会发生什么事情。

前几年，我又去了那家餐厅。妹妹的儿子接手了餐厅，但一切都没有改变。妹妹还在那儿做着御好烧，她看见我后惊奇地叫了起来，惊讶于我已经长这么大了。当我们临别时，她给了我一大袋出汁（见第196页），因为她女儿每次从美国回日本时，都会带出汁回美国。

我和大阪烧的第一次接触是在夏季美食节的屋台上，这是真正的街头食品。配料和酱汁对大阪烧和广岛烧来说，几乎是一样的。它们都很好吃，但是，在我看来，这两者是不同的菜。它们主要的区别是制作广岛烧的原料没有和面糊混合，然而做大阪烧的时候，会先在铁板上倒一层薄薄的面糊（类似于很薄的法式煎饼），然后将御好烧的食材放在面糊上。这意味着切成长条的白菜、其他蔬菜、肉类或鱼类可能会没完没了地添加。对于大阪烧，所有的原料都会先和面糊混合，然后再油煎。当你把御好烧切成两半时，你就明白了，一种是原料层次分明，一种是所有原料都混在一起。

在我们最喜欢的餐厅，我也可以选择我是否想在御好烧里放面条，这种做法一般在广岛烧里出现，但不是必需的步骤。"Okonomi"的意思是"你喜欢什么就放什么"，所以，正如名字所暗示的，选择由你决定。我觉得广岛烧更轻盈，因为它使用的面糊更少。对于想快速填饱肚子的人，御好烧都是一个美味佳肴。

广岛烧

お好み焼き（広島焼き）

OKONOMIYAKI (HIROSHIMA-YAKI)

鲣鱼片

600~700克白色卷心菜，切碎

250克豆芽，

50克小葱，切成葱花

200克新鲜培根片

4个鸡蛋

300~500克黄色的煮熟的拉面

面糊

200毫升（2杯）面粉

200毫升（1杯）水

装饰

— 炸猪排酱汁（见第203页）

日式蛋黄酱

青海苔碎

在碗中，把面粉和水混合成面糊。加热铁板，在铁板上倒少许油，然后倒入面糊煎制。将面糊做成圆形，直径在12~15厘米。在面糊上撒一些鲣鱼片。放¼的卷心菜、豆芽，再放上葱花和培根片。在原料上倒入2~3汤匙的面糊，并以画圆的方式将面糊摊开。翻转煎饼（如有必要，可使用2把锅铲），继续煎制，直到蔬菜变软。不要按压过度。

加热另一只煎锅，把鸡蛋打碎，蛋黄向上，并保持圆形。在鸡蛋快凝固之前，把面条放在鸡蛋上面(面条也可以提前炒好)。然后放上之前煎好的煎饼。将整个御好烧翻转过来，这样鸡蛋就在最上方了。趁热食用。

你也可以用白菜来代替卷心菜。这样炒制的时间将会缩短，因为白菜的叶子更薄。还可以添加许多其他的食材，正如大阪烧的配方（见第177页）。在日本，奶酪、泡菜、土豆片和其他食材都可以用来做御好烧。

午
餐

OKONOMI·MURA
广岛市中区新天地5-13，广岛730-0034
营业时间：11: 30—午夜

一直吃，直到吃不动

在大阪的第一个晚上，我们是在天下茶屋站附近。劳伦斯在那里有个女朋友，名叫尤加，我们很乐意和尤加待在一起。我们住在一间小公寓里，有三个小房间。天下茶屋是一个古老且很受欢迎的社区，日本人认为它是危险区，但我觉得这有点儿添油加醋了。它只是有点儿不干净。我们立即沉浸在天满附近，那里有很多立食店，也就是站着吃饭的餐厅。对我来说，这是最彻底的旅行体验。烤内脏是大阪很独特的菜肴之一。甚至还有一种说法："在东京扔掉的东西，你可以在大阪找到。"总之，我们发现一家叫"Tsukie"的立食店里，那里供应烤内脏。我们在那里吃了一些不可思议的东西，有牛的第四个胃、牛子宫、牛跟腱等。所有的食物连同酒一起下肚。内脏装在盘子里，你可以在酒吧提供的炭火上烤这些内脏。我不能说我喜欢牛肚，但是你可以尽可能多地享受这种乐趣。很难描述立食屋的气氛，工薪阶层和办公室职员在这里突然放松下来，因此这里充满了喧哗。

第二天，朋子和美穗到了。朋子带我们直接去了商业区吃午饭。午餐对我来说很有吸引力，因为它很快捷。我很惊讶，刚过12点，所有的人都出来吃午饭了。这让我想起纽约，在公园大道附近，中午的时候，办公室都空了，所有的人都前往餐车。午餐的时间虽然很短，但是选择却很多。在大阪，我也有同样的感觉，尽管在这里是卖**便当**的小店，而不是餐车。便当的包装和展示是最重要的，便当盒是由一系列五颜六色的食材组成。当然，口味也是同样重要的。米饭、面条、寿司和配菜，它们有多种组合的可能性。在便当里，不同口味和颜色的食材被分菜纸隔开。我们去了一个吃午饭的地方，我们点了**滑蛋牛肉片**与**和风牛排**。

我们很高兴跟着朋子去了天神桥筋商业街逛街，那条商业街就是一个长3千米的拱廊。我想这一定是世界上最长的街市。朋子带我们去了一家日本茶屋。它非常现代，而其内部的装修非常有禅意。在那里，有各式的甜点，如**抹茶拿铁**、**抹茶刨冰**、**马斯卡彭最中***等。茶，尤其是绿茶，是日本文化的重要组成部分。

经过半小时的休息后，我们继续工作了。在这3000米长的商业街里，我们发现了难以置信的好东西：鱼店和熟食店数不胜数，如果要列个单子，恐怕和商业街一样长。我们的第一站吃了**烟熏蛋**，然后在可乐饼屋吃了**肉末可乐饼**。再往前走，我们到了一个豆腐店，店主非常友善。他对自己所做的事情充满热情，这在日本很常见。他是一个真正令人愉快的人！他做了**豆奶布丁**，在里面还加入了香草和巧克力，他让我们务必尝一尝。他还做了**生姜沙丁鱼**和**玉子烧**。玉子烧是微甜的，当蛋液逐渐凝固时，将鸡蛋层层卷起来。从他脸上就能看出，这位70岁的老人为自己做的食物感到骄傲，对自己的职业流露出一种荣誉感。

---

*译注：最中是一种日本传统的糕点，外形像个小盒子，外面是烤制的糯米皮，内部是细腻的红豆沙馅。

我们想再次感谢尤加，她把自己的家和我们共享，所以我们从熟食店买了6道菜，包括**甜酱肉丸、欧风/荷兰式茄子、海苔米饭和秋葵鸡肉沙拉**。我们把这些菜像外卖一样放在容器里，然后回到"我们的"社区，这样我们可以在一个温暖的夜晚，和尤加及她的丈夫一起共进晚餐。我们像一家人一样共度了一个夜晚，有啤酒、清酒和烧酒，还有一种用土豆做的酒。我们以尤加为劳伦斯做的生日蛋糕结束了那天的晚餐。劳伦斯还收到了来自坂井的刀具。坂井位于大阪附近的一个村庄，那里有很多刀匠，几世纪以来，那里都以刀具闻名。当然尤加的礼物包装也很漂亮，因为日本人一定要懂得包装的艺术。我在日本买的东西包装都非常漂亮，我甚至不舍得打开它们。

第二天，我们去了大阪的核心地区——难波。朋子带我们去了黑门市场——一个非常繁忙的地区，那里的街道有足够你吃一辈子的食物。你可以从鱼池中选择一种鱼，然后当面将鱼烤熟，你还可以吃拉面、牡蛎、肉类和烘焙食品等。一个友好的摊主让我们尝尝**西京烧**。味道简直太棒了！之后我们去了大阪的美国村，这个时髦的地区有个滑稽的名字。在那里，你可以和溜冰者一起玩，但也可能发生别的不时髦的事情。过了一会儿，我们去了韩国城，我们在那里购买了很多食物：**猪肉炒泡菜、炒面和炒饭**，还有典型的大阪菜，如**糖醋肉和御好烧**。

第二天，我和朋子、美穗一起去了东京。

我的同事们打算乘飞机回家，很遗憾，我们没有最后的料理盛宴。我们5个人勉强挤进了位于福岛站铁路下的立食店里，但我们很幸运：寿司是一个月才做一次，而且很明显我们选择了一个合适的夜晚。我们参观了梅田的天空大厦，我们在那里观赏了大阪的美景。美丽的景色简直让我头晕目眩。我们继续前往京都桥车站，寻找传说中的东洋立食店。多么不可思议的氛围！我们完全沉浸在寿司和小点心的烹饪氛围中，包括**柚子酱油炒扇贝和蟹**。这是一个令人兴奋，让人舔嘴的经历。回来的路上，我们又去了难波的道顿崛。在生活中，你可能从未见过这样的事：这是一条延伸的娱乐街，有俱乐部、舞厅、卡拉ok、保龄球馆、电影院，当然还有餐馆和街头食品。

我们一晚上几乎都在说大阪人。大阪人非常好客，只要你对食物表现出兴趣，他们就会带你一起去。吃到你倒下，真的是一个大阪的传说。我们在很多小餐馆都吃得很愉快，笑声持续不断，直到关店我们才回到天下茶屋。现在我们又一次在一家便利店前停下来喝凉爽的啤酒。

我们从日本回来后，又开始了厨师的固定生活，所有的精力都放在了厨房。但在某种程度上，这就是为什么你在餐馆工作。你们为彼此工作。大家的目标是用美味的食物给客人一个惊喜。厨师的生活很难，但坚持做厨师是为了友情以及与大家在一起快乐的感觉。

滑蛋牛肉片

牛肉の卵とじ

GYUNIKU NO TAMAGO-TOJI

鸡蛋、薄肉片和出汁的组合在日本很受欢迎。鸡蛋轻轻打匀后，在最后1分钟加入，然后加热，立即关火，这样这道菜才能多汁。如果你把这道菜浇在热米饭上，它本身就是一道菜：他人盖饭。

480毫升（2杯）出汁
（见第196页）

4汤匙酱油

4汤匙甜料酒

2汤匙清酒

2个洋葱，切成丝

200克切成薄片的牛肉
（最好是牛扒肉）

4个香菇，切成条

4个鸡蛋，稍微搅拌一下

10厘米长的小葱，切成葱末

将出汁、酱油、甜料酒和清酒放入碗中拌匀。首次将洋葱放到锅里，然后放牛肉和香菇。把出汁小心地浇在食材上，用中火煮开。现在需要动作迅速：肉一熟，就加一半蛋液。当鸡蛋差不多凝固了，把剩下的蛋液放进去。撒上葱末，迅速盖上锅盖。关火静置1~2分钟。把做好的他人盖饭倒在盘子里或直接将平底锅作为容器，用汤匙食用。

如果你用鸡肉代替牛肉，这就是不同的版本，它同样也很受欢迎，它被叫作亲子盖饭（见第142页）。

商店街

在我之前住过的房子对面有一条小的商店街。它有咖啡店、乌冬面、甜品店、面包房、中国餐馆、体育商店、空手道教室、理发店和干洗店等。我经常和孩子们在商店街上玩耍、购物，一直到店铺打烊。我也经常去面包店，那里不仅可以买到美味的蛋糕，而且还可以玩烘焙。我总是被邀请看他们怎样做长崎蛋糕（见第123页）和饼干。我学会了将蛋黄从蛋清中分离出来，也知道了长崎蛋糕的边缘实际上是最美味的部分。我仍然记得在乌冬面店里令人惊叹的出汁的香气，每家餐厅的出汁都有不同的配方。我最喜欢他人盖饭（见第140页）。把做好的菜肴放在热米饭上就好了。"他人"意味着"陌生人"。这道菜是用鸡蛋和牛肉做的，它们不属于同一个"家庭"，所以叫"他人盖饭"。另一款有名的盖饭叫"亲子盖饭"，它是由鸡蛋和鸡肉组成的，也就是"父母和孩子"，所以叫"亲子盖饭"。亲子盖饭同样会用到出汁，这就是为什么出汁的味道能代表餐厅，因为它至关重要。

那里也有别的商店街，步行就能到达。在那里有新鲜的食材，比如鱼、肉和蔬菜等。在我的住所附近，还有一个室内市场，我经常和妈妈一起去那个市场。那里的人彼此都认识，有时，和熟人聊天花的时间比我实际的购物时间还要多。妈妈总是从肉店给我买一块可乐饼作为零食。那是一种用土豆做的饼，里面加了些许牛肉末。我觉得那里的可乐饼是我吃过的最美味的可乐饼！

汤姆、卢克、美穗和我去了天神桥筋商店街，它靠近著名的天坛寺。这是日本最长的商店街。在江户时代(1603—1868年)，这里被称为大阪的"厨房"。70%的货物都在那里汇集并交易。这种繁荣是因为大阪地理位置上的便利以及这里悠久的商业氛围。在大阪，商人积聚了大量的财富和权力。大量的资金用来建造桥梁和建筑物，同时也投向了文化和教育。大阪人想要建立他们自己的城市。据说这就是典型的大阪人的性格。

在江户时代，天神桥筋从附近的寺庙中脱颖而出，发展成为日本三大蔬果市场之一。从那以后，大阪地区就一直扮演着重要的角色，发挥着至关重要的作用。20世纪30年代，新百货公司和公共交通的集中发展使天神桥筋商店街陷入困境，但是商人们联合起来打造了一个有吸引力的、友好的购物街，让天神桥筋在困境中得以生存。今天它仍然是大阪最著名的商业街，那里的商品不仅质量很好，而且也很平价。

在日本，你会发现到处都是购物街，在这个国家，几乎每个车站附近都有购物街。如果你有机会，你一定要选择在其中一个购物街散步。你会发现一个虽小，但却很真实的日本。

和风牛排 牛ステーキ和風ソース
GYU STEEKI WAFU-SOSU

酱油和牛排的搭配出奇的好。加入一些日本香料，食用时更美味。你可以在餐桌上准备酱汁。但是，在这个食谱中，你应该把酱汁加入锅中，和牛排一起煎制。这样可以使肉和酱汁的味道更加浓郁。

4块牛排

酱汁

¼个洋葱，切碎

1茶匙大蒜末

1茶匙姜末

100毫升（½杯）酱油

75毫升（⅓杯）白色的香醋

50毫升（¼杯）植物油

把所有的酱汁配料在一个碗里混合。在煎锅里将油加热，将牛排煎至两面酥脆。加入6~8勺酱汁。将牛排用文火煨一下，让酱汁变浓稠。立即上桌，搭配单独的碗中的酱汁食用。

你可以在冰箱里长时间地储存酱汁。如果你把酱汁在室温下放一晚，它的风味就会消失。

冰绿茶 冷たい緑茶

TSUMETAI RYOKUCHA

静冈县以其高质量的茶闻名于日本。一位来自静冈的好朋友教我们泡一杯冰绿茶
的最佳方法。用冰水泡茶，这样会使茶味更清淡，茶的颜色也更鲜绿。使用玻
璃茶壶，这样可以在餐桌上看到宜人的茶色。

2茶匙日本茶 把茶叶放在壶里，倒上冰水。稍微搅拌混合，将茶水放
1升冰水 在冰箱里过夜。如果可能的话，把茶从冰箱里拿出来，
然后用勺子再次搅拌均匀。用滤水器过滤茶叶。将冰绿
茶储存在冰箱里，想喝的时候随时拿取。如果你用热水
泡绿茶，然后将热茶冷却，茶就会呈褐色。

商店街

抹茶刨冰 抹茶かき氷

MATCHA KAKIGORI

在日本夏季的节日上都可以看到刨冰。刨冰有多种类型，可以浇上糖浆。抹茶会带给刨冰一种新鲜、自然的味道。

刨冰

600毫升（3杯）水

6汤匙糖

炼乳，如果需要的话

糖浆

1汤匙抹茶粉（绿茶粉）

6汤匙糖

4汤匙水

把水和糖在平底锅里混合，直到糖完全溶解。把糖水倒入冰盒中，并放入冰箱冷冻。制作糖浆：将抹茶粉、糖和水在微波炉用碗中混合。将碗放到微波炉中，以600瓦加热1~2分钟。将碗放在冷水中冷却。从冰箱里取出冰块，在室温下放置5分钟。将冰块放在刨冰机中，把冰块磨碎，在碗里制作一个"冰山"。在冰山上倒入糖浆和炼乳（如果喜欢的话）。用勺子食用。

马斯卡彭最中

マスカルポーネの最中

MASCARPONE NO MONAKA

8块轻盈、酥脆的威化饼干

160克马斯卡彭奶酪

1茶匙抹茶粉

100克蜜红豆（见第206页）

在工作台上放置4片威化。每片威化上放1勺（40克）马斯卡彭奶酪。在马斯卡彭奶酪上撒上抹茶粉。把蜜红豆以同样的方式放在威化上。盖上另一片威化。

大阪茶会
天神桥2-1-25-1F，大阪市北区530-0041
营业时间：9：00—23：00

抹茶拿铁 抹茶ラテ

MATCHA LATTE

抹茶非常受欢迎，不仅因为它很美味，还因为它的营养价值也很高。它包含许多有益的成分，简而言之，它还能够美容养颜。日本人喜欢抹茶的味道，但是抹茶和牛奶的组合也很受欢迎。它的味道略微有些苦，但同时香甜且丝滑。享受它复合的味道吧！

4茶匙抹茶粉

40克（¼杯）糖

600毫升（3杯）牛奶

将抹茶粉和糖放在一个大碗里。把牛奶放在一个小的平底锅里加热，直至几乎沸腾。将热牛奶慢慢加入抹茶混合物中，用搅拌器搅拌，确保糖完全溶解。分成4杯。如需要可在拿铁顶部加入奶泡和抹茶粉。

烟熏蛋 燻製卵

KUNSEI TAMAGO

这道菜看起来很复杂，需要很长时间才能做好，但是其独特而深沉的味道使这款开胃菜非常值得一试。最困难的步骤是将半熟的鸡蛋从蛋壳中取出。所有剩下的步骤都很简单，简直好吃到爆炸。

6个半熟的鸡蛋
熏制木屑

腌料

150毫升（⅔杯）水

1茶匙盐

4汤匙酱油

1汤匙甜料酒

小心地在冷水中剥去蛋壳。把所有腌料放在碗里。把去壳的鸡蛋放进保鲜袋，加入腌料。把保鲜袋的空气排尽，将鸡蛋包好并密封。把鸡蛋放在腌料里，放入冰箱腌一晚。将鸡蛋从腌料中取出并晾干，用纸巾将木屑放入烟熏锅中，并开始烟熏。当木屑开始冒烟时，加入鸡蛋，以低温熏制15~30分钟。

就算没有烟熏，腌制鸡蛋也很美味。

商店街　便当

肉末可乐饼 肉コロッケ
NIKU KOROKKE

在日本这是一道非常受欢迎的菜，与米饭和蔬菜沙拉搭配成一个套餐供应。为了充分感受食物口感的反差，你需要在刚炸好的时候尽快吃掉，以便体验外层香脆的面包屑和里面松软的土豆泥、肉末的口感的对比。

植物油

½洋葱，剁碎

150克肉末
（牛肉/猪肉）

2茶匙酱油

2茶匙糖

500克土豆

50毫升（¼杯）全脂奶油

盐

面糊

面粉

鸡蛋若干，轻轻打发

干面包屑

在平底锅中将少量油加热，放入洋葱碎煎炸，然后加入肉末翻炒几分钟，直至金黄。加入酱油和糖，继续用文火炒。搅拌均匀。在汤汁完全收干的时候尽快关火。

把土豆煮熟并捣成泥状。加入奶油和肉末。搅匀，然后用盐调味。把肉饼捏成你喜欢的形状。将3个分别放有面粉、蛋液和干面包屑的盘子放在工作台上。将每个肉饼依次蘸上面粉、蛋液和干面包屑。

将油加热到170℃，然后将肉饼炸至金黄。用纸巾把油吸干，迅速盛盘上桌。

试试搭配炸猪排酱汁（见第203页）！

商店街　居酒屋　便当

焦糖酱豆奶布丁 豆乳プリン

TONYU PURIN

豆奶布丁和焦糖酱的组合非常美味。冷藏食用更美味。

2个鸡蛋，
蛋液稍微搅打一下

3汤匙糖

400毫升（1½杯）豆奶

开水

焦糖酱

50克（¼杯)糖

1汤匙冰水

2汤匙热水

把糖和冰水放在平底锅里混合加热制作焦糖酱。偶尔搅拌。当焦糖酱变成棕色时，关闭火源。锅中添加热水，但小心不要烫伤自己。再次搅拌，把焦糖酱放在一边。

制作布丁时，用叉子将鸡蛋和糖混合。确保混合均匀，但尽量不要产生泡沫。慢慢加入豆奶，仔细搅拌。将混合物过滤，并将其平分，倒入4个小碗中。把碗放在平盘里，在平盘里倒入一半的水（水浴法）。盖上盖子，小火蒸制7分钟。关闭火源，将碗放在热水中静置15分钟。将碗从平盘里取出，待碗冷却。将碗封好，放在冰箱里冷藏。把焦糖酱倒在布丁上，待其完全冷却后，立即上桌。

你可以加2汤匙可可粉，给布丁增添巧克力的味道。

商店街

秋葵鸡肉沙拉 オクラと鶏肉のサラダ
OKURA TO TORINIKU NO SALADA

"秋葵"念起来像日语，但实际上是英语的外来词。秋葵于19世纪末进入日本，并立即受到欢迎，特别是在20世纪50年代以后。这款秋葵沙拉里搭配了芝麻酱油醋汁，与蔬菜和鸡肉一起搭配很美味。

600毫升（3杯）水

2汤匙清酒

½茶匙盐

250克鸡里脊肉，切条

6个秋葵

½根黄瓜，切块

1个西红柿，切块

油醋汁

2茶匙姜末

2汤匙芝麻酱

2汤匙糖

2汤匙酱油

1汤匙味噌

1汤匙白香醋

把水烧开。加入清酒、盐和鸡肉条。当水再次沸腾时，关火，让鸡肉在沸水中静置3分钟。将鸡肉条从水中捞出，用手将鸡肉撕成细丝。把秋葵放在微波炉专用盘里，盖上盖子，以600瓦加热2~3分钟。加热完成后，将秋葵切成片。

将所有的油醋汁原料混合在碗中。把蔬菜和肉放在一个盘子里。将油醋汁浇在沙拉上。

秋葵不宜太大，否则纤维会太粗。切秋葵的时候，会有黏液。这种黏液来自其中的各种纤维，这些纤维对人体有益，并且有利于降低胆固醇。

商店街

秋葵鸡肉沙拉 —

欧风/荷兰式茄子 —
（见第161页）

玉子烧 —
（见第162页）

欧风/荷兰式
茄子

茄子のオランダ煮

NASU NO ORANDANI

这个食谱的字面意思是"荷兰式茄子"。在日本，没有人能肯定这个食谱实际上来自荷兰。但是，油炸和腌制的技术是由欧洲传入日本的。这种方法可以让蔬菜充满光泽，并且味道浓郁。今天，这道菜可以在大多数超市的熟食区找到。

1个大茄子，直径8~9厘米，
切成边长3厘米的块

1汤匙植物油

1茶匙芝麻油

400毫升（1½杯）出汁
（见第196页）

1汤匙糖

1½汤匙酱油

2汤匙清酒

1茶匙姜末

将茄子块放入一大碗冷水中静置几分钟。将茄子沥干，用纸轻轻擦干茄子表面的水。然后将所有油放入锅中加热，把茄子炸至半熟。用吸油纸吸干茄子表面的油。然后加入出汁、糖、酱油和清酒。炖大约5分钟，直到茄子软烂。将茄子置于冰箱冷却。最后用姜末装饰即可。在炎热的天气，食用这道菜再合适不过了。

这道菜在冰箱里放一晚会更美味！

玉子烧 出し巻き卵

DASHIMAKI TAMAGO

玉子烧是典型的日本便当中的食物之一，午餐食用的玉子烧是冷的。但我觉得玉子烧只有在新鲜出炉的时候才会特别好吃！鲜嫩多汁，冒着热气，带着出汁的浓郁香气，这道简单的菜式绝对能博你一笑。在制作这道菜时，做出标准的形状可能有点儿难，但熟能生巧，如果成功制作，你将收获一顿美味！

玉子烧有两种类型：甜的和咸的。这里的食谱是甜的玉子烧。

3个鸡蛋

2茶匙糖

½茶匙盐

40毫升（⅛杯）出汁
（见第196页）

2汤匙植物油

将鸡蛋、糖、盐和出汁放入碗中搅拌。将1汤匙油放入日式长方形平底锅或小煎锅中加热。油热后，锅中加入大约一半的蛋液混合物，然后使锅倾斜，让蛋液混合物布满锅底。当鸡蛋开始凝固但是上层蛋液还是流动的时候，用铲子从平底锅的底部到顶部，把凝固的鸡蛋卷起来。把卷好的蛋卷移到在平底锅的顶部，再在锅内加1汤匙植物油，然后放入其余的蛋液混合物。用锅铲把卷起来的煎蛋稍微抬起，让新的蛋液混合物在蛋卷下面流动。蛋液一旦凝固，将蛋卷从头到尾再卷一遍。

将做好的玉子烧放在案板上冷却1~2分钟。将玉子烧切成薄片，厚约1厘米。

你也可以把切碎的小葱和蛋液混合，这样玉子烧就会有漂亮的绿色点缀，并伴有特别的、清新的味道。

居酒屋与立饮屋

香醇的美酒与诱人的小吃，说的就是居酒屋与立饮屋这两种典型的日式酒吧。川上弘美的代表作《老师的提包》中的两位主人公就在车站旁的小居酒屋中相遇，这样的居酒屋通常都供应美味的家常下酒菜。故事讲述了月子与昔日的国文老师多年后在居酒屋里初次偶遇，最初，她并没有认出老师，直到他们坐在吧台边，同时点了一样的菜：金枪鱼拌纳豆、甜辣藕丝和盐渍葱头。这种居酒屋对他们俩这种平常与周围人很淡漠的人而言，最适宜不过了，因为在居酒屋里，简单的食物或一杯薄酒，就能拉近人与人之间的距离。

通常来说，居酒屋包含两个层面的意思：izake（居酒，即"坐下来喝的酒"）和sakaya（酒屋，即"酿酒和售酒的地方"）。如今，全世界都有这种供应"日式小吃的酒吧"，你可以把它当作能够品尝到各式各样日式小吃的酒吧。立饮屋指的是站着喝酒的酒吧。日本纪念日协会甚至把"11月11日"定为"立饮日"，选这一天的原因是"11/11"的形状就像人们站在立饮屋喝酒的样子。这种标志理论上也适用于

大城市——用在表示保持舒适距离的提醒。在居酒屋和立饮屋，你可以和朋友、同事及搭档开怀畅饮，大快朵颐。在工作日，你可以在居酒屋看见下班后与同事直接光顾的身着职业装的客人。而立饮屋通常比居酒屋小，就如它们的名字一样——并不为客人提供椅凳。你还可以独自一人去立饮屋小憩，仅吃点儿小吃（即使最终你停留的时间比计划的要长）。曾几何时，我记得立饮屋只接待来这里喝酒的男士，但是现在你可以在立饮屋里看见很多女士。不管怎样，居酒屋和立饮屋就是这样充满生气的地方，你可以在这里开怀畅饮，也能品尝到充满日式风情的小吃。

我的一位女性朋友和她的丈夫在大阪经营了一家酒类专营店。她是从父母手上接管了这家店。和其他酒类专营店一样，他们同时经营了一家立饮屋，并提供独具特色的关东煮。每天，他们都会往特制的煮锅内添加新的食材和调料，剩余的老汤会留在锅中，所以老汤每天都会被赋予新的味道，这是属于这家店的独家秘方。这就是一间小小的立饮屋的传统特色所在。

海苔米饭 ひじきご飯
HIJIKI GOHAN

海苔看起来有点儿怪，但是它的味道不浓，营养价值很高，所以食用海苔很健康。在旧时的日本，人们相信，如果你经常吃海苔就会长寿。这道古老的日本料理营养非常丰富。

20克（¼杯）干海苔
600毫升（2½杯）日本大米
½根胡萝卜，
切成2厘米长的条
550毫升出汁（见第196页）
4汤匙酱油
4汤匙甜料酒
烤芝麻

将海苔用冷水洗净，然后浸泡30分钟。把海苔从水中取出，去掉坚硬的部分。

将米清洗5次或更多次，直到淘米水清澈。把米放在冷水中浸泡30分钟。然后把水倒掉，将滤干的大米放在电饭锅中。如果你没有电饭锅，还可以用高压锅。但高压锅的容量至少能容纳大米3倍的原料。在电饭锅中放入沥干的大米、海苔、胡萝卜条、出汁、酱油和甜料酒，稍加搅拌。关上电饭锅然后开始煮饭。如果你使用高压锅，请关紧锅盖，大火煮至沸腾，然后用小火煮5分钟，再关火静置15分钟。用冷水冷却高压锅。打开高压锅或电饭锅，用木铲搅拌米饭，使空气进入米饭中。将米饭盛在不同的碗中，拌入海苔和烤芝麻装饰。

海苔含有大量的钙、铁、镁、维生素A和纤维。简而言之：海苔对女性很有益！

西京烧 鲑の西京焼き
SAKE NO SAIKYO YAKI

这道菜来自京都，也就是用产地京都西京的甜味噌制作的。味噌腌料能将鱼中的水分排出，然后使其受带有味噌的甜味。烤制的时候，小心别让鱼烤过头了，尤其是不要烤煳！

500克三文鱼，切成4块

腌料

4汤匙白味噌

4汤匙清酒

4汤匙甜料酒

2½匙糖

在碗里混合所有的腌料。将鱼抹上腌料，放入冰箱腌制30~60分钟。

同时，将烤箱预热至180℃。将鱼从腌料中取出，让鱼身上只剩下薄薄的一层腌料。用烤箱烤鱼。当鱼表面变色，但还没有完全熟时，用锡纸将鱼包好。再烤制几分钟。趁热食用。

用鳕鱼或海鲷代替三文鱼也很美味。你也可以用这个腌料腌肉（例如猪排），但在这种情况下，最好用油炸制腌肉，而不是把它放进烤箱里烤制。

猪肉炒泡菜 豚キムチ
BUTA KIMCHI

泡菜的做法很可能来自韩国，但日本人疯狂地爱吃泡菜！泡菜本身是美味的，但在这里它被用作调味品。泡菜的味道很复杂，辣、咸、甜、发酵的酸融为一体。把它放进锅里和猪肉一起炒制，简单而美味！

400克新鲜猪肉，切成薄片

1个洋葱，切成薄片

1茶匙盐

2茶匙糖

2汤匙芝麻油

黑胡椒粉

1汤匙植物油

200克白菜

将除了泡菜的所有配料放入碗中，用手搅拌均匀并静置15分钟。

锅中倒入油，加热，加入拌好调料的肉。用旺火炒制。当肉快熟的时候，加入泡菜翻炒。与米饭一起食用。

泡菜品种繁多。你也可以用萝卜或其他蔬菜来腌制泡菜。你可以在韩国等亚洲国家的超市里买到泡菜。

居酒屋　午餐

炒面和炒饭 そばめし
SOBAMESHI

如果你有前一天剩的米饭，就可以做这道菜。

80克面条（拉面或米粉）

4汤匙植物油

100克肉（牛肉或猪肉）馅

2汤匙清酒

½个洋葱，切碎

1个小的胡萝卜，切碎

60克白菜，切成长丝

180克熟米饭，最好是隔夜米饭（见第198页）

4汤匙炸猪排酱汁（见第203页）

2根小葱，切末

根据包装说明准备面条。将煮好的面条在流动的水下冲洗，这样面条之间就不会粘在一起。用剪刀将面条剪成2厘米长的段，备用。

在锅里加入2汤匙植物油，小火加热。放入肉馅煸炒，最后加入清酒调味。将肉馅盛出。在锅中加入2汤匙植物油，将洋葱和胡萝卜炒至变色。记得先放入洋葱，然后加入胡萝卜。加入白菜，炒至其几乎熟透。将肉馅放回锅里混合炒制。加入面条和米饭。再次搅拌均匀。最后加入炸猪排酱汁。用葱末装饰。

这道菜有很多不同的做法，使用不同的蔬菜，把肉馅换成虾，或者加入泡菜，增加一点儿香料或鲣鱼片等。

如果你不加米饭，就变成了纯粹的炒面，它也是非常受欢迎的街头小吃。

糖醋肉 酢豚

SUBUTA

这道菜最初来自中国，但后来在日本成为一种很受欢迎的食物。每个人都喜欢咸肉和甜菠萝的组合。

600克猪肉，切成边长
为3厘米的丁

2汤匙酱油

2汤匙清酒

1汤匙芝麻油

1根胡萝卜，切成边长
为1厘米的丁

1个洋葱，切成边长
为2厘米的丁

1个红色或黄色的辣椒，
切成2厘米长的段

2汤匙土豆淀粉

¼个菠萝，切成边长
2厘米的丁

酱汁

6汤匙白香醋

6汤匙酱油

4汤匙糖

4汤匙番茄酱

4汤匙清酒

2汤匙甜料酒

8汤匙水

将猪肉、酱油、清酒和芝麻油放入碗中拌匀。静置10分钟。将胡萝卜、洋葱、辣椒放在带有盖子的微波专用盘里，以600瓦加热3分钟。将所有的酱料配料放在碗里。在腌猪肉片里添加土豆淀粉拌匀。

将油加热至170℃，然后将猪肉片炸至呈浅棕色后捞出。用厨房纸吸干猪肉上的油。

锅中加入酱汁、蔬菜、菠萝和猪肉。把锅放在火上中火加热3~4分钟。不断翻拌。待酱汁变浓稠后，即可盛盘食用。

新鲜菠萝可以用罐装菠萝代替，但是在这种情况下，酱汁中应少放些糖。

午餐　　商店街

大阪烧 お好み焼き（大阪風）

OKONOMIYAKI (OSAKA-STYLE)

在日本，御好烧是在铁板上煎制的。铁板是一个大的铁煎锅，但是你也可以用普通的煎锅。以下是御好烧的基础配方。当然，你可以自由发挥自己的烹饪创意，用其他的原料（如虾、鱿鱼、贻贝、芝士、泡菜等）来制作御好烧。你喜欢什么就添加什么，让它成为你的招牌菜。

350克卷心菜，
每片大小为0.5~1厘米

50克小葱

200克未腌制培根片

面糊

6汤匙面粉

4汤匙磨碎的土豆

4汤匙出汁（见第196页）

2个鸡蛋

装饰

炸猪排酱汁（见第203页）

日式蛋黄酱

海苔丝

鲣鱼片

将所有面糊的配料放入碗中搅拌。将1把卷心菜和葱花放到另一个碗中，加入1勺面团糊充分混合。

将铁板或煎锅加热，将混合物倒在热的铁板上。使混合物呈圆形，高为2~3厘米。在卷心菜混合物上放上几片培根。当煎饼的底面呈金黄色时，将煎饼翻面，中火继续煎制5分钟。不要按压煎饼的顶部，这样煎饼才可以保持松软。

在煎饼的表面交错地挤上炸猪排酱汁。将煎饼旋转90度，用日式蛋黄酱交错地挤上酱汁。最后，撒一些海苔丝和鲣鱼片。趁热食用。

象屋
玉出西2-7-10，大阪市大阪府530-0017
营业时间：周二至周六，17：00—23：00
周日及节假日：15：00—23：00

午
餐

柚子酱油 炒扇贝和蟹

カニとホタテのポン酢がけ

KANI TO HOTATE NO PONZU GAKE

这道菜听起来很豪华，因为有扇贝和蟹，但实际上是一道非常随意的菜，是渔民在船上做的餐食。这道菜只需要简单的准备工作，做好后盛在一个大浅盘里。这道菜量很大，所以吃起来会很满足。

1只活蟹（1.5~2千克）

8只扇贝

2份水（一份用于煮食材，一份用于冷却食材），每份3升

2份盐（一份用于煮食材，一份用于冷却食材），每份90克

冰块

装饰

1把韭菜，切成3厘米长的段

柚子酱油

将活蟹放入冷水中浸泡清洗10~15分钟。同时，在一个大锅里把水烧开，然后加入盐，煮至水沸腾。把蟹放进锅里煮制。将蟹的背面朝下，这样蟹会煮得很快，并且在煮的过程中蟹腿也不会活动。在蟹的顶部放一个小的耐热板，用它压住蟹，使蟹始终浸在水里。将蟹煮制15~20分钟。

在一个大碗里混合冷水和盐，加入冰块。将蟹从沸水中取出，并将煮蟹的水保留。将蟹放入冰冷的盐水中冷却10~15分钟，这样可以使蟹肉更容易取出。把蟹从水里捞出来沥干。将蟹腿和蟹钳从身体上折断分离，将蟹肉取出。

将煮蟹的水放回锅中煮沸，加入扇贝，煮制3~5分钟。将扇贝取出，放入冰盐水中冷却10分钟。如有必要，可加些冰块。将蟹肉、扇贝和韭菜倒在碗里，倒入大量的柚子酱油。冷食。

如果你买不到新鲜的蟹，也可以用煮好的蟹，只要质量好，是纯的蟹肉就可以。

居酒屋　立饮屋

京桥居酒屋
都岛区3-2-26，大阪市大阪府534-0024
营业时间：周二至周六，15: 30—21: 00

东京"美食趴"

第二天，当我的同事们坐飞机回家时，我在从大阪到东京的新干线上打瞌睡。那么还剩下谁呢？朋子、美穗和我。我们的目标是在东京停留5天。这一次，美穗将是我们的向导。她在东京工作生活了15年。我轻松得在新干线上睡着了，很高兴在旅途的最后时间段可以打盹了。突然，我被一个日本人吵醒了。这使我心情很不好。本来我终于找到了一个时间可以让自己休息，但我的休息被打扰了。他指着窗外说："你必须看！富士山！"我常听人说起传奇的富士山，但是亲眼看到这座山是另外一码事。富士山的风景很优美，我缓缓地看着火车经过了白雪覆盖的富士山！十几分钟之内，我就把富士山的景色尽收眼底。你一旦看到富士山，就知道马上要到东京了。

我们在东京车站做的第一件事是去把行李存放到寄存柜里。东京站本身就是一个"城市"——它确实拥有一切。那里有购物中心、娱乐设施、餐饮店等。如果你在那里停留，你可以吃点儿不同的东西。我们的行李一锁好，就走到了站外。我注意到一些时髦的东西，人们在喝一些绿色的饮料。朋子和美穗很快意识到这是**毛豆冰沙**。我们认为那无疑是健康的，所以都去买了一杯。

然后我们乘地铁去了六本木山，在那里我们发现了一个小型的街边食品市场。它有点儿像旅游景点，但我们在那里发现了**小龙虾汉堡**。再往前走一点儿，朋子还发现了一道美味的**海苔米饭**。晚上，我们去探索我们住的地方——浅草。朋子带我们去了一家味噌店，我吃到了这辈子吃过的最美味的味噌。商店里摆满了老木桶，木桶里面装满了味噌。味噌是一种非常棒的调味品，我简直为之疯狂。但味噌店不供应餐饮，所以在朋子的建议下，我们去了传说中的饭团店。那里的一个女饭团师傅一直在店里做手工饭团，已经有60年了。饭团的味道，丰富的馅料，松脆的海苔片再加上温软的米饭——我都要流口水了！这家店也非常迷人：老店和女饭团师傅的组合让人印象深刻。我永远都不会忘记和她的聊天，她说："你必须这样做，把你所有的尊重和爱都倾注在饭团上。"

然后我们到了东京的一处郊区，它位于东京的另一侧，叫吉祥寺。我们去了口琴横町附近的一个地方——一座破烂建筑的第四层，我们发现自己仿佛在另外一个世界。事实上，我们要到达那里不得不穿过老板的客厅。他是一个留着长胡子的老人，坐在榻榻米上，就像一个哲人。那座建筑物似乎是任意叠加的一种木质结构的小屋。顶层就是我们要去的地方，好像是那位老人家的餐厅。但我们在那里吃得很好，我们吃了**盐烤鲭鱼**。口琴横町所有的巷子都很窄，这附近有很多立饮屋，几乎没有任何游客。

　　我们继续我们的食物探险。我们到了另一个街区，叫惠比寿。我们刚走出车站时，就看到了一个有15家餐馆的餐饮楼。事实上，你可以叫它"真正的街头食品"，是新加坡风味的。我们周围都是供应丰富食物的小餐馆。我们一路上喝了很多酒。后来我们真被那种氛围感染了，最后我们也体验了烤肉。

　　几个小时后，我们终于坐上了回酒店的火车，但方向错了! 谢天谢地，我们是在环形线上，所以我们比原计划多花了一个多小时到达目的地。

毛豆冰沙 枝豆シェイク
EDAMAME SHAKE

毛豆是富含蛋白质和纤维的能量食品，能让你一整天都精力充沛。

250克熟毛豆（冷冻，去皮）	把冰冻的熟毛豆放在搅拌机里搅拌，直至光滑的糊状。加入冰激凌和牛奶，搅拌均匀。再加入糖和1撮盐。冷食。
350克香草冰激凌	
350毫升（1½杯）牛奶	你可以用豆奶代替牛奶。
2汤匙糖	
1撮盐	

火车 Zunda Saryo（大丸百货东京店）
大丸百货，千代田区1-9-1，
东京都，日本100-0005
营业时间：10:00—20:00

小龙虾汉堡

えびカツバーガー

EBIKATSU BURGER

小龙虾汉堡这道菜的独特之处在于虾肉汉堡的质地。如果它成功制作的话，外表会很酥脆，与新鲜多汁的汉堡排形成鲜明的对比。在软汉堡坯里加上新鲜的生菜，这不仅创造了新的美味，而且口感也很惊人。

汉堡排

30只中等大小的虾，
切成5毫米长的丁

1瓣大蒜，磨碎

2汤匙日式蛋黄酱

1汤匙面粉

2汤匙土豆淀粉

1汤匙香菜，切碎

盐和胡椒

汉堡坯

面粉

几个鸡蛋，轻轻打散

日式面包屑

组装

4个汉堡坯

塔塔酱

几片生菜

在碗里混合所有汉堡排的原料。将混合物做成直径5厘米、高度为1~2厘米的饼。将面粉、轻轻打散的蛋液和日式面包屑分别放在3个不同的盘子里。每次做汉堡排时，先将汉堡排放进面粉里，然后蘸满蛋液，最后再蘸上日式面包屑。

在平底锅中倒入大约1厘米深的油，加热。把汉堡排小心地放进油锅中炸至酥脆。把汉堡排翻过来再炸至金黄即可。用纸巾吸干汉堡排上的油。

在每个小圆汉堡坯上涂上塔塔酱。在汉堡坯放上些许生菜叶，然后再放上炸汉堡排。再盖上另一片汉堡坯。

鲷鱼茶泡饭 鯛茶漬け

TAI CHAZUKE

在传统的茶道中，日本热茶都会浇在米饭上。这里是一个更豪华的茶泡饭的版本，放在米饭顶部的是刺身，而不是绿茶。

250克金头鲷，去皮、去骨

4小碗煮米饭（见第198页）

800毫升（3杯）出汁
（见第196页）

腌料

2茶匙姜，磨碎

4汤匙酱油

4汤匙甜料酒

4大汤匙清酒

2汤匙糖

4汤匙烤过的芝麻

装饰

2厘米×10厘米的
海苔片，切成每条
3毫米×2厘米的海苔丝

将所有的腌料在碗里混合。把鲷鱼切成大约5毫米厚的薄片，加入腌料，用手抓匀。将鲷鱼放入冰箱，腌制30分钟。

把米饭放在有盖的碗里，用微波炉加热。加热完成后，把米饭分成4份。把鲷鱼从冰箱里拿出来，把它们分成4份。在鲷鱼上撒上海苔丝。

在锅里加热出汁。将出汁小心地倒入米饭中，立即食用。

三文鱼手卷

鮭のおにぎり

SAKE NO ONIGIRI

饭团在日本是无处不在的，在每个车站和便利店，它有多种多样的形式。然而，与此同时，日本人相信最美味的饭团是自己母亲做的。母亲通过亲手制作饭团来传递她对孩子们的爱。所以挑战一下自己，制作饱含自己温柔和爱的饭团吧！

400克去皮的三文鱼
盐
4份热米饭（见第198页）
几片海苔，
6厘米×12厘米

将烤箱调至烧烤模式。把三文鱼放在烤盘上，撒上适量盐。在烤箱里将三文鱼烤熟。将三文鱼从烤箱里取出，放在碗里。用叉子把三文鱼分成小块，然后冷却。去掉鱼骨。

在厨房工作台上分别放1碗水和少许盐。用少许水蘸湿双手，然后再在手中撒少许盐。用手取一定量的热米饭（约1杯咖啡的体积）。将2~3茶匙三文鱼块放入米饭中，然后把三文鱼周围的米饭捏成团。用手把饭团整理成三角形，两手握住交叉，一起往中间推即可。饭团做好后包上1片海苔。

饭团馅料的选择是很丰富的。可以随意替换原料，比如可以用三文鱼与金枪鱼罐头混合一些蛋黄酱，或用三文鱼鱼子、炸鸡、天妇罗虾等来制作。

居
酒
屋

火
车

便
当

宿方浅草饭团店
浅草3-9-10，台东区，东京111-0032
营业时间：11：30—17：00（不包括周日）
18：00—02：00（不包括周三）

189

盐烤鲭鱼 鯖の塩焼き
SABA NO SHIOYAKI

这道菜在日本也很受欢迎，随处可见，例如便当盒子里、居酒屋中或只是在家里作为日常的一餐。在这款简单的菜肴中，烤鲭鱼、磨碎的萝卜泥和酱油的组合会产生一种新鲜而浓郁的味觉体验。

4片鲭鱼片
盐
清酒
5厘米长的白萝卜，
磨碎，挤干
1汤匙酱油

在烤架上预热烤箱。用一把锋利的刀，在鱼的皮肤上划几个浅浅的切口，鱼在烤的时候，会保持完整的外观。将盐撒在鱼的两面，静置10分钟。用清酒抹在鱼表面，用纸巾擦干。在鱼表面上撒少许盐，这样能使鱼皮上色，并使鱼皮酥脆。趁热食用，用白萝卜和酱油装饰。

你可以用其他种类的鱼来代替鲭鱼，例如鲈鱼、海鲷或沙丁鱼。

居酒屋 午餐

主厨的餐桌

今天的计划是参观现代化的东京。我们从东京市中心的银座出发，寻找有乐町附近的流动餐车。中午有一大群非常国际化的人在那里吃午饭，你能在那里找到泰国菜、阿根廷菜和墨西哥菜。我们尝试**唐扬炸鸡盖饭**之后，又慢慢地穿过附近的街区，等待着结束一天的工作。你大概已经猜到我们会在居酒屋和立饮屋的周围徘徊，是的，酒吧、街边小吃摊在上班族下班几小时后才真正开始营业。

穿过有乐町的地铁站就是新桥，也就是皇居的南边。皇居现在还不对外开放，但是你可以参观皇居的花园。请注意，这一带是散发着浓浓东京气息的地方：铁路下面挤满了小餐馆和立饮屋，上班族在下班后、回家前可以在那里休息放松，然后乘火车回家。这是我在日本的最后一晚。如果没有去过新宿和涉谷，东京之旅就是不完整的。新宿站是世界上繁忙的地铁站之一：每天有400万乘客经过这里。尽管如此，人们也不会撞到彼此，一切都运行有序。在凯悦酒店欣赏东京的全景，同时喝一杯昂贵的酒饮是最棒的事了。是的，这家酒店就是斯嘉丽·约翰逊和比尔·默瑞在电影《迷失东京》里邂逅的酒店，就像影片中所说的，"附近都是几尺宽的小巷，我们在回忆的小巷里漫步，那里有美味知名的街头小吃"。游客都知道那个地方，尽管如此，那里的氛围仍然很温暖。

"让我们在涉谷疯狂吧！"我叫道，然后转头看了一下朋子。涉谷是年轻时尚人士的聚集地。

我们在车站附近的一条狭窄的街道上找了一家酒吧，那里的空间只能容纳5个人。店主之一挂起了营业的布帘，这表示酒吧正在开放。他很欢迎我们的到来，帮我们挂起了外套，美穗和朋子把手提包放在了桌下的置物篮内。酒吧没有菜单，厨师做什么你就吃什么。你也可以点些什么，但你会不会点呢？实际上，这取决于你想吃的食材是否有存货。

我们首先品尝的是鲱鱼土豆吐司、布拉塔奶酪配萝卜和蓝纹奶酪麻糬。这是幸运的一击，我们是多么幸运：这简直是最好的融合美食！同时这里也是典型、时髦的小世界。不管怎样，更多的人来到了餐馆，我们互相介绍。我们又点了更多的烧酒，店主（大家尊称他为"师傅"）让我们品尝他做的腌梅干。他每年都会做腌梅干，他告诉我们，"腌梅干的成功取决于最佳的盐分比例"。同时，我也和朋子开始了语言课程的练习。之后，我们认识了几个来自东京冰球队的人，我们交换了名片，并且一起玩牌，我们和另一个客人也玩得很开心。每次有人结账时，更多的客人会进来就餐，我们也和他们聊天。

我们一饮而尽。突然，我在有点儿醉意的状态下，想出了一个不错的主意。在根特我有一个拉面吧，我把这个主意告诉了根特的主厨。然后整个厨房的人陷入了难以置信的状态，"哇"的一声，又"哇"的一声。我拿起了我的IPAD（苹果平板电脑），展示了相关的网页。

大家都投来羡慕的眼光。然后师傅邀我去后厨一起制作拉面，起初我犹豫了，但我不想让其他顾客失望，当然我也有东西要证明。

我和师傅最终做了8份拉面，都是使用我们在储藏柜找到的食材：牛尾高汤和简单的培根片，葱和腌竹笋。朋子和美穗把做好的拉面分给其他客人。我不记得我们最后是怎么离开那个酒吧的。我只记得我和刚认识的朋友友好地告别。美穗把她的手机落在了酒吧的后厨，但我们很快拿回了手机。因为在地铁里，有人拍了她肩膀说："这是你的手机。"同样，这种礼貌也是日本的特色。

当我回到根特的家时，我经常会想起那个美妙的夜晚，在东京涉谷，老板和我一起即兴发挥，做了美味的拉面。这次旅程的探索，也同样是这本书的精彩之一，就是朋子、美穗和劳伦斯在我们回到家几个月后相聚在根特的拉面吧。那天晚上，有一个预约取消了，所以我充当了一位客人。说实话，那天晚上我品尝了我吃过的比利时最好的日本料理。这一切如洪水般涌入我的脑海：我们疯狂的火车旅行的情景，疯狂的"食物趴"，居酒屋温暖的氛围，还有我们参观过的立饮屋，特别是厨师们对料理的匠人精神与激情。

唐扬炸鸡盖饭

サルサソースの唐揚げ丼

SALSA SOSU NO KARAAGE DON

这道菜是本书第55页所提到的唐扬炸鸡的衍生食品。番茄沙司的组合赋予这道菜新鲜、辛辣的感觉。天热的时候很适合吃这道菜!

4碗煮米饭（见第198页）

20块炸鸡（见第55页）

莎莎酱汁

1个番茄，切成小块

½个小洋葱，切碎

½颗红辣椒切碎

6汤匙番茄酱

1汤匙柠檬汁

塔巴斯科辣酱，调味

⅓茶匙盐

黑胡椒粉

几片香菜，切碎

把所有的酱汁用料混合在一个碗里，然后静置30分钟。把热米饭盛在碗中，然后把热炸鸡放在米饭上。把酱汁舀到炸鸡上，立即食用。

基础食材

出汁 だし
DASHI

出汁是许多菜肴的基础。独特的香味和鲜味构成了日本料理的核心。由于出汁带有鲜味，使用出汁调味时，可以少放盐。在日本，有各种类型的出汁,但以下三种是最常见的：昆布出汁、鲣节出汁、香菇出汁。

昆布出汁

昆布出汁适用于任何菜肴，它非常鲜美，所以在料理中占据了重要的地位。昆布出汁的味道虽然不是主流味道，也不是压倒性的味道，但是却起着重要的辅助作用。它增加了菜肴的鲜味，这种鲜味就是谷氨酸。

冷水配方
500毫升（2杯）水
10克昆布

用湿的软布轻轻清洗昆布。把昆布放在带盖的平底锅里，锅内加水，置于阴凉处10小时。

热水配方
500毫升（2杯）水
5克昆布

用湿的软布轻轻清洗昆布。

锅中加水，放入昆布。静置30~60分钟，用中火加热。在水沸腾之前，将昆布取出。如果昆布煮得太久，香味就会丢失。

鲣节出汁

鲣节出汁在高汤中占据了重要的地位，比如作为冷面汁或味噌汤的底汤。事实上，它是在日本家庭厨房中最常用的出汁。它和猪肉结合会很美味。出汁中的鲜味来自肌苷酸。

500毫升（2杯）水
20克鲣鱼片

用平底锅把水烧开。当水沸腾时，加入鲣鱼片。调至最小火，然后再煮2~3分钟。关火。过滤出汁（要想得到清澈的出汁，需要用滤布或茶巾过滤）。

昆布和
鲣节出汁

这是昆布出汁和鲣鱼出汁的混合。
这样会产生更浓郁的鲜味。此食
谱的食材是:

1升水

10克昆布

10克鲣鱼片

首先按照食谱制作昆布出汁,再按
食谱制作鲣节出汁,然后混合两种
出汁。

香菇出汁

香菇出汁用于需要突显额外味道的菜肴,
比如冷面、炒菜、汤等。干香菇的香气更
浓,香味和鲜味也更重。干香菇鲜味成分
为鸟苷酸,在制作过程中,鲜味会增强。

干香菇15~25克

500毫升(2杯)冷水(最好是0℃)

将香菇浸泡10分钟。用水好好清洗香菇。把
香菇放进带盖的锅中,用冷水浸泡,放入冰
箱冷藏至少24小时。把香菇从水取出,然后
把水放入炖锅中煮沸(要获得清汤,在煮之
前需要用过茶巾或滤布过滤汤汁)。当水沸
腾时,用细筛撇去浮沫,关火。

干香菇也可以磨成粉,然后放入菜肴中提鲜。

煮米饭 白米
HAKUMAI

600毫升（2½杯）日本大米

600毫升（2½杯）水

用少量的水把大米冲洗干净，然后轻轻地揉洗大米。把水倒出，重复至少5次，直到水几乎清澈。让大米在水中静置30分钟。把水倒出，沥干大米。

电饭锅

将沥干的大米放入电饭锅的锅胆中。加入水，但要注意锅胆边的水位标记。加水的量取决于电饭煲的类型，水量有可能和食谱中建议的不同。关上电饭锅，然后开始煮饭。饭煮好后，打开电饭锅，用木铲搅拌，给米饭注入一些空气。

高压锅

如果使用高压锅，确保它的大小是至少可以容纳大米3倍量的容量。将水和沥干的大米放入高压锅中。盖上盖子，然后用大火烧开，直到高压锅开始加压。然后再以小火煮5分钟。熄火，静置15分钟。用冷水冷却高压锅。打开高压锅，用木铲搅拌米饭，给它注入一些空气。

平底锅

如果你想用一个普通的平底锅，那就选一个好的厚底的平底锅。把水和沥干的大米放进锅里。盖上盖子，用大火加热。当它开始煮沸时，将火调小，继续煮12分钟。关火，静置10分钟。揭开锅盖，用木铲搅拌米饭，给米饭注入一些空气。

寿司饭 寿司飯
SUSHI MESHI

本食谱大约能制作6个饭团

寿司醋

5汤匙米醋

4汤匙糖

2茶匙盐

600毫升（2½杯）
日本大米

600毫升（2½杯）水

昆布
（8厘米×8厘米）

1汤匙清酒

将米醋、糖、盐在碗里拌匀。确保糖和盐完全溶解。

按照第198页 "煮米饭" 的方法清洗大米。然后把沥干的大米放进电饭锅、平底锅或高压锅中，再放入水、昆布和清酒，并按第198页的方法煮制米饭。

米饭煮熟后，将米饭盛到一个大的浅碗里。慢慢往米饭里加入寿司醋。用木铲弄湿并搅拌米饭。米饭会很黏，但是尽量不要过多搅拌，因为这会把米粒弄碎。将米饭从底部翻过来，并尽量让米粒分开。

翻动米饭的时候，你可以用电扇，让米饭更快地冷却。这将会做出有吸引力的、有光泽的寿司米饭。将湿茶巾拧干。将茶巾盖在寿司饭上，在室温下放置，直到需要时再取出。

如果你把煮熟的寿司饭放在冰箱里，它会变硬，很难再捏成寿司。你可以在微波炉里把米饭稍微热一下，让它更容易操作。

鲣节盐 鰹節塩
KATSUOBUSHI-JIO

10克鲣鱼片

粗海盐10克

将鲣鱼片放入烤箱中烤10分钟。待冷却后，将鲣鱼片和粗海盐在食品搅拌机中搅拌。

鸡汤 鶏がらスープ
TORIGARA SOUP

2只整鸡

2千克切分鸡肉

1大片昆布，横着切开

100克干香菇，磨碎

3厘米长的姜，拍扁后切碎

1个大洋葱，切半，烤制

10升水

把昆布放入水中，加热至60℃。静置1小时。取出昆布。用凉水将整鸡和切分鸡肉冲洗干净。

水中加入香菇、姜和洋葱，煮至沸腾。加入切分鸡肉和整鸡，保持在最低的沸点煮制。不时撇油。

将鸡汤炖煮6小时。用滤布将鸡沥干。2小时后，鸡会脱骨。偶尔加热水，以保持鸡汤的量。第二天去除鸡汤中剩余的油脂。将鸡油保留，用于增鲜另外的菜肴。

蔬菜拉面汤 ベジラーメンのスープ
VEGE RAMEN NO SOUP

3大汤匙黄油

2个大洋葱，粗切

4根大葱，洗净并切碎

½块块根芹，剁碎

1个茴香球，切碎

100克干香菇

400克罐装番茄

500毫升清酒

香料束（欧芹，月桂和百里香）

1茶匙胡椒

1汤匙盐

把一个大平底锅加热，将黄油融化。添加蔬菜，稍加搅拌。将蔬菜炖煮15分钟。不时搅拌均匀。加入香菇和番茄。然后加入清酒。让酒精蒸发。接着加水，盖上锅盖，慢慢煮沸。添加香料、盐和胡椒。

这碗拉面汤和汤姆的拉面吧里的拉面汤一样！

酱油腌鸡蛋 卵の醤油漬け
TAMAGO NO SHOYUZUKE

4个鸡蛋
150毫升（⅔杯）酱油
1汤匙糖
75毫升（⅓杯）甜料酒

将鸡蛋煮5分钟。将鸡蛋从锅中取出，放入冰水中冷却15分钟，去壳。

把腌渍料混合在一起，把鸡蛋放进腌渍料中，让鸡蛋在腌渍料理浸泡至少2小时。

腌竹笋 メンマ
MENMA

750毫升（3杯）水
30克鲣鱼片
50毫升（¼杯）酱油
100毫升（½杯）日本酒
40毫升甜料酒
20克白糖
1罐切片竹笋（沥干并冲洗）

将水加热，放入鲣鱼片。将水煮沸，然后熄火。静置30分钟后，将汤汁过滤备用。在汤汁中添加酱油、日本酒、甜料酒和白糖。加入竹笋，用文火煮制10分钟。

饺子蘸汁 餃子のたれ
GYOZA NO TARE

100毫升（½杯）酱油
50毫升（¼杯）米醋
1汤匙辣椒油

将所有的配料混合在一起。

叉烧 チャーシュー
CHASHU

1千克猪肉，最好是去骨的
油或黄油

腌料
120毫升（½杯）酱油
240毫升（1杯）清酒
240毫升（1杯）甜料酒
64克糖
8根大葱，大致切碎
6瓣大蒜，压平
6厘米长的姜，大致切碎
1个葱头，粗略切碎

将所有腌料混合，加热并浓缩。

将烤箱加热到80℃。将肉切成20厘米×8厘米的大片。
将肉片卷起，并用绳子捆成肉卷。把腌料放在砂锅里，
再把肉放入腌料里。用铝箔覆盖砂锅。2.5小时后，检查
肉是否煮熟。此时肉质应该酥软。将肉冷却。

在平底锅里放少量油或黄油，将肉稍加煎制。

香菇海苔黄油 椎茸青のりバター
SHIITAKE AONORI BUTTER

10克干香菇
100克黄油
1汤匙海苔粉

在食品搅拌机里，把香菇磨成细粉。在
平底锅里加入融化的黄油，加热到黄油
开始起泡。把香菇加到黄油里，炖几分
钟。停止加热，加入海苔粉。搅拌均
匀，待凉后凝固。

炸猪排酱汁 とんかつソース
TONKATSU-SOSU

2汤匙伍斯特酱
1汤匙蚝油
1汤匙番茄酱
1茶匙酱油
1茶匙糖

把配料放在搅拌盆里，用蛋抽或者
搅拌器搅拌均匀。

盐味酱 塩だれ
SHIODARE

50克海盐或喜马拉雅盐

350毫升水

4个洋葱,切碎

5瓣大蒜，碾碎

3厘米长的姜，切碎

把所有的配料都放入平底锅中煮制10分钟至浓缩。

味噌酱汁 味噌だれ
MISODARE

½杯味噌酱

¼杯清酒

3汤匙甜料酒

20克姜

1茶匙日本胡椒

2瓣大蒜，切碎

混合所有原料，加热至浓缩。

担担面酱汁 坦坦だれ
TANTANDARE

2汤匙芝麻酱

2汤匙豆瓣酱

1杯鸡汤（见第200页）

¼杯酱油

20克姜

1茶匙盐

2瓣大蒜，切碎

混合所有原料，加热至浓缩。

青酱 バジルだれ
BASILDARE

½瓣大蒜

½茶匙海盐

约1株罗勒叶

60克（⅓杯）松子，微烤

60克（⅔杯）帕玛森芝士，擦碎

橄榄油

黑胡椒粉

把大蒜和海盐用杵和臼捣碎。加入罗勒叶，捣碎。加入松子，捣碎。添加帕玛森芝士碎，然后捣碎。添加橄榄油，使得酱料达到所要求的稠度。撒上黑胡椒粉。
这不是真正意义上的酱料，但我们为了方便称之为酱料。

蜜红豆 つぶあん

TSUBUAN

日本并没有真正意义上的甜点文化，虽然甜点经常在茶道里出现。这些甜品中最受欢迎的食材之一就是蜜红豆。这些加糖的红豆可以用来做米糕或圆面包，也可以配香草冰激凌。它们非常容易制作。用蜜红豆搭配抹茶，不仅遵循了传统做法，而且也很美味。享受最地道的日式甜点吧！

300克干红小豆

240克(1⅓杯)糖

⅓茶匙盐

½茶匙酱油

将红小豆洗净，泡在水里至少8小时。

把红小豆沥干，然后倒入一个大锅里。加水，把锅置于火上。煮制1分钟，然后将水倒出。加入清水，将水煮沸1次。继续煮1分钟，然后将水倒出。把红豆冲洗干净再倒回锅里。加入1.2升水，煮沸。当水开始沸腾时，把火调小，炖煮大约2小时。确保红小豆总是浸在水里，必要时加水。检查红小豆是否煮熟。当豆子的外皮可以食用时（不太硬），豆子就煮好了。如果没有煮好，就再煮一会儿。

将红小豆滤干，滤出的水备用。将煮好的红小豆放回锅里，加入糖。用小火加热。用木铲把豆子和糖混合，注意确保在平底锅底部的豆子被充分搅拌，否则就会糊锅。当豆子变黏稠时，加入盐和酱油。搅拌均匀，关火。如果豆子还是有点儿硬，那就加少许煮红小豆的水，使其软化。

将红小豆煮2次，然后冲洗干净，这样可以去除苦涩味，尤其要使之入味。

大福 大福
DAIFUKU

这道甜点光是名字本身就很吸引人。字面上，大福的意思是"好运"。大福有很多种类，比如草莓大福、栗子大福、李子大福等。它是如此柔软，就像婴儿的肌肤，每个人都想要尝一口，这使得大福成为日本特别受欢迎的甜点之一。

100克糯米粉
20克糖
150克（⅔杯）水
土豆淀粉（塑形用）
180克蜜红豆（见第206页）

将糯米粉、糖和水放入微波炉专用碗中。盖上盖子，用微波炉以500瓦加热3分钟。将抹刀在水里洗净，用抹刀把面团搅拌均匀，至半透明状。

在工作台上撒上足够的土豆淀粉，把面团放在沾满淀粉的工作台上，并在面团上撒些土豆淀粉。用刀把面团切成6块。手上蘸上少许土豆淀粉，在手中将面团压扁，形成一个8~10厘米的圆面饼。

在面饼中央放入大约1汤匙蜜红豆。把面团放在手上，把面团的边缘捏在一起。把面团捏成一个漂亮的圆球形，然后放在盘子里，撒上一层土豆淀粉。

日语

从语言上来说，日语和欧洲的语言体系毫不相关，但它包含了许多外来词，比如英语词汇，或者荷兰语。17世纪后期至19世纪中期，当日本还是一个封闭的国家时，荷兰是唯一一个和日本有贸易关系的欧洲国家。然而，这些外来语发音受到了日语发音的影响，例如"访问者"（visitor）变成了"bijitaa"。所以你可以尝试以日语发音的方式读英语单词，但是并不能保证所有词都能读正确。

许多日本人懂得基本的英语，尤其是年轻人（一般来说，日本人在中学学6年英语），但是，即使他们尽最大努力，想流利地说英语仍然是一个问题。如今，很多招牌名字等都是用英语写的（或从表面上看至少在使用字母），比如车站的屏幕信息或主要城镇的路标。自动售票机显示的站名也使用拉丁字母，所以很容易找到到达某一站需要付多少钱。

作为游客，能够说几句日语，当然可以帮助打破僵局，也会让你面对的日本人很高兴。幸运的是，发音是不成问题的，尤其是当你享受一顿美餐时，有些短语可以让人开怀一笑！

中文	罗马音	日文
谢谢	*Arigato*	ありがとう
不客气	*Do itashimashite*	どう致しまして
早上好	*Ohayo*	おはよう
你好	*Konnichi wa*	こんにちは
晚上好	*Konban wa*	こんばんは
	(Only as hello, not as goodbye)	
再见	*Sayonara*	さようなら
祝你好胃口	*Itadakimasu*	いただきます
	(Only when you yourself start eating)	
多谢款待	*Gochisosama deshita*	ごちそうさまでした
	(When you have finished eating)	
干杯	*Kanpai*	乾杯
美味	*Oishii*	美味しい
困难	*Muzukashii*	難しい
没关系	*Daijobu desu*	大丈夫です
我明白了	*Wakarimashita*	分かりました
我不明白	*Wakarimasen*	分かりません
这	*Kore*	これ
那	*Sore (close to the person)*	それ
	/ Are (further away)	あれ
……在哪?	*… wa doko desu ka?*	…はどこですか
它的售价是多少?	*Ikura desu ka?*	いくらですか
我想吃……	*… o kudasai*	…をください
我喜欢……	*… ga suki desu*	…が好きです

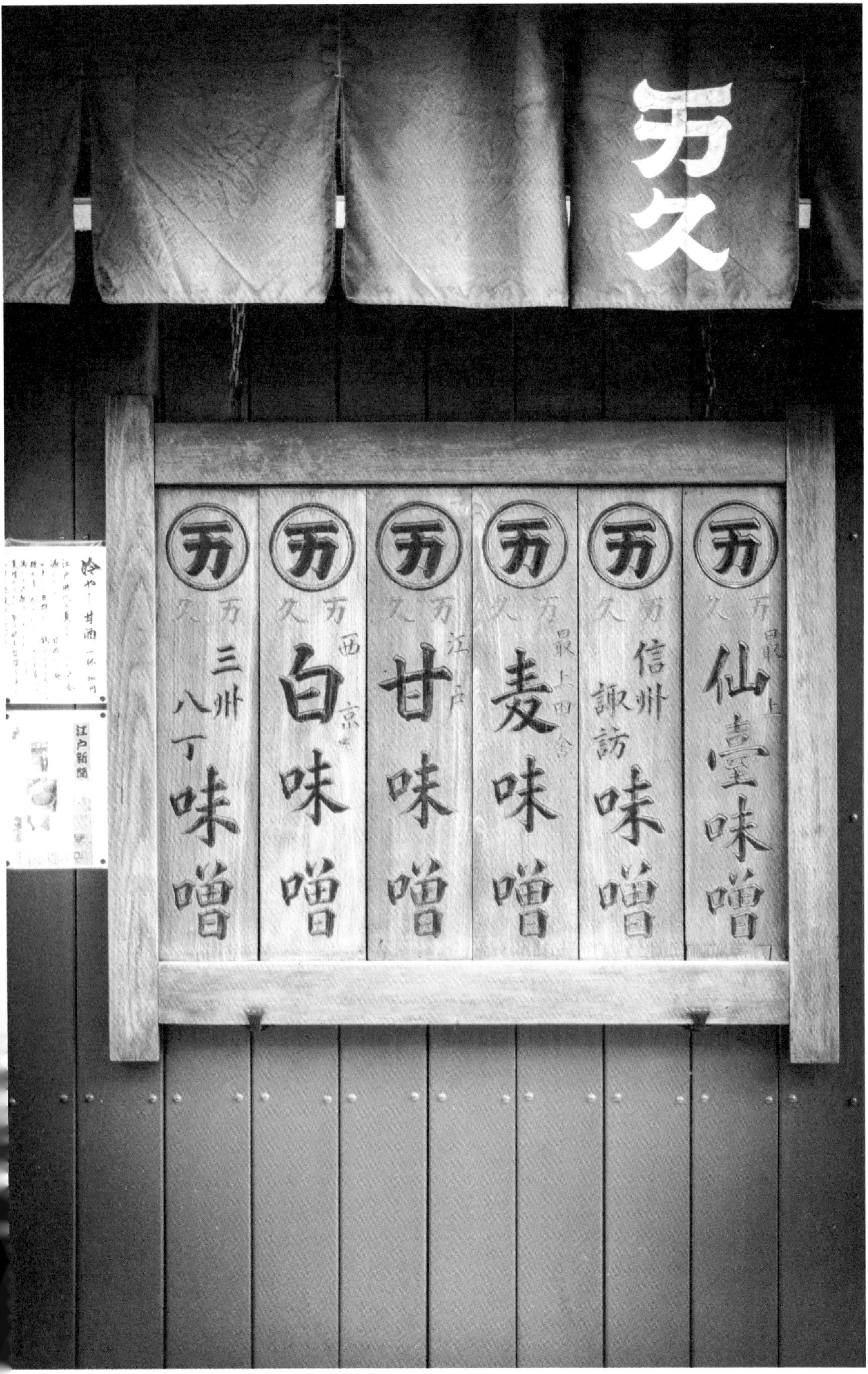
万久
最上 仙臺味噌
信州 諏訪味噌
最上田舎 麦味噌
江戸 甘味噌
西京 白味噌
三州 八丁味噌
江戸新聞

地址
东京

毛豆冰沙

Zunda Saryo（大丸百货东京店）

大丸百货，千代田区1-9-1，东京都，日本100-
0005

车站：东京站（火车线路：JR山手线，
JR中央线和京滨东北线）

营业时间：10：00—20：00

拉面

东京拉面街

丸之内1-9-1，千代田区，东京都100-0005

车站：东京站（火车：JR山手线，JR中央线和
京滨东北线）

营业时间：11：00—23：30

拉面

阿夫利

惠比寿1-1-7，涉谷区，东京都150-0013

车站：惠比寿站（火车：JR山手线，JR崎京线
和JR湘南新宿线）

营业时间：11：00—17：00

手卷

宿方浅草饭团店

浅草3-9-10，台东区，东京都111-0032

车站：浅草站（火车：筑波特快线和东武伊势
崎线，地铁：银座线）

营业时间：11：30—17：00（不包括周日）
　　　　　18：00—2：00（不包括周三）

车站便当

车站便当屋

丸之内1-9-1，千代田区，东京都100-0005

车站：东京站（火车：JR山手线，JR中央线和
京滨东北线）

营业时间：5：30—23：00

冷荞麦面

尾张屋 本店

浅草1-7-1，台东区，东京都111-0032

车站：浅草站（地铁：银座站和东武伊势崎线）

营业时间：11：30—20：30

鲷鱼烧

鸣门鲷烧本铺

浅草桥1-9-1，台东区，东京都111-0053

车站：浅草桥站（火车：JR中央线）

营业时间：10：00—22：00

市场和食品区

丰洲市场 （原筑地市场）

丰洲6-6-2，江东区，东京都135-0061

车站：市场前站（电车：海鸥百合号）

营业时间：

周一　05：00–17：00

周二　05：00–17：00

周三　休息

周四　05：00–17：00

周五　05：00–17：00

周六　05：00–17：00

周日　休息

安兵卫居酒屋

新宿歌舞伎町1-1-1，新宿区，东京都160-0023

车站：新宿站（火车：JR山手线，地铁：丸之
内线）

营业时间：17：00—23：00

流动餐车

东京国际论坛，丸之内3-5-1，千代田区，东京
都100-0005

车站：有乐町站（火车：JR山手线和JR京滨东
北线）

营业时间：周一至周五，11：30—14：00

合羽桥厨具街

合羽桥，松山路3-8-12，台东区，东京都111-0036

车站：浅草站（火车：筑波快线）

　　　入谷站（地铁：日比谷线）

营业时间：周一至周六，9:00—17:00

阿美横町

阿美横町，上野4-9-14，台东区，东京都110-0005

车站：御徒町站（火车：JR山手线，JR崎京线和JR湘南新宿线）

营业时间：10:00—20:00

惠比寿横町

惠比寿1-7-4，涉谷区，东京都150-0013

车站：惠比寿站（火车：JR山手线，JR崎京线和JR湘南新宿线）

营业时间：11:00—4:00

口琴横町

吉祥寺本町1-31-6，武藏野市，东京都180-0004

车站：吉祥寺站（火车：JR中央线）

营业时间：17:00—午夜

东京食物展

涉谷2-24-1，涉谷区，东京都150-0002

车站：涉谷站（车站：JR山手线，JR崎京线和京王井之头线）

营业时间：10:00—21:00

广岛

广岛烧

OKONOMI-MURA

广岛市中区新天地5-13，广岛730-0034

车站：八丁崛（有轨电车：广岛电铁线）

营业时间：11:30—午夜

蒲烧鳗鱼

上野商店

廿日市1-5-11，广岛739-0411

车站：宫岛口站（火车：JR山阳本线）

营业时间：10:00—19:00

市场和食品区

宫岛小吃街

宫岛838，廿日市，广岛739-0588

车站：宫岛口站（从JR山阳本线宫岛宫岛口站下车，坐轮渡到达）

营业时间：8:00—17:00

大阪

马斯卡彭最中/抹茶拿铁
大阪茶会
天神桥2-1-25，一层，大阪市北区，大阪府530-0041

车站：天神桥筋六丁目站（地铁：堺筋线和谷町线）

营业时间：9:00—23:00

玉子烧/焦糖酱豆奶布丁
前田豆腐店
天神筋桥3-4-9，大阪北区，大阪府530-0041

车站：天神桥筋六丁目站（地铁：堺筋线和谷町线）

营业时间：周一至周六，11:00—19:00

烤内脏
TSUGIE
天神桥5-6-33，大阪市北区，大阪府530-0041

车站：天满站（火车：JR大阪环线）

营业时间：17:00—午夜

柚子酱油炒扇贝和蟹
京桥居酒屋
车站：京桥站（JR大阪环线）

都岛区3-2-26，大阪府534-0024

炸串
八重胜
惠美须东3-4-13，浪速区，大阪府556-0002

车站：动物园前站（地铁：御堂筋线）和大阪新今宫站（火车：JR大阪环线）

营业时间：10:30—21:30

(每周四和每月的第三个周三休息)

章鱼烧
HANADAKO
角田町9-26，大阪府北区，大阪府530-0017

火车：大阪站（JR大阪环线）和梅田站（地铁：御堂筋站）

营业时间：10:00—23:00

鲷鱼烧
象屋
玉出西2-7-10，大阪市西成区，大阪府530-0017

车站：玉出站（地铁：大阪环线）

营业时间：周二至周六，17:00—23:00
　　　　　周日及节假日，15:00—23:00

市场和食品区

天神桥筋商业街
天神桥筋，大阪府530-0041

车站：天神桥筋六丁目站（地铁：堺筋线和谷町线）

营业时间：10:00—23:00

韩国城
鹤桥一丁目，生野区，大阪府544-0031

车站：鹤桥站（火车：JR环线和进畿线，地铁：千日前线）

营业时间：10:00—23:00

黑门市场
日本桥2-4-1，中央区，大阪府542-0073

车站：日本桥站（地铁：千日前线和堺筋线）

营业时间：9:00—18:00

天满食品区
西木町，大阪北区，大阪府530-0034

车站：天满站（火车：JR大阪环线）

营业时间：11:00—23:00

福岛区立饮屋
福岛区，大阪府553-0003

车站：福岛站（火车：JR大阪环线）

营业时间：11:30—午夜

新世界本通商店街
美须东1丁目，浪速区，大阪府556-0002

车站：动物园前站（地铁：御堂筋线）和新今宫站（火车：JR大阪环线）

营业时间：10:00—午夜

福冈

炸鸡肉串
KAWAYA
白金街1-15-7，中央区，福冈市810-0012

车站：药院站（地铁：七隈线）

营业时间：周一至周六，5：00—午夜

青酱拉面
海鸣拉面
中洲3-6-23，博多区，福冈市810-0801

车站：中洲川端站（地铁：空港线）

营业时间：周一至周六，6：00—18：00

猪骨拉面
元祖长滨屋
福冈市中央区2-5-38，810-0072

营业时间：4：00—次日1：45

车站：赤坂站（地铁：空港线）

营业时间：4：00—次日1：45

市场及食品区

屋台街
天神二街，中央区，福冈市810-0001

车站：天神站（地铁：空港线）

营业时间：18：00—次日2：00

悟牛
美野岛1丁目17-15，博多区，福冈812-0017

车站：博多站（火车：JR筱栗线，JR鹿儿岛本线）

冈山

牡蛎乌冬面
后乐园
后乐园1-5，冈山北区，冈山市703-8257

车站：后乐园前（从冈山站坐公共汽车）

营业时间：10：00—18：00

索引

B

146 冰绿茶
TSUMETAI RYOKUCHA

C

123 长崎蛋糕
KASUTERA

173 炒面和炒饭
SOBAMESHI

D

177 大阪烧
OKONOMIYAKI (OSAKA-STYLE)

48 担担面
TANTANMEN

91 蛋包饭
OMURAISU

187 鲷鱼茶泡饭
TAI CHAZUKE

129 鲷鱼烧
TAIYAKI

59 豆腐团子佐酱汁
TOFU-DANGO NO ANKAKE

69 豆皮汤盖饭
YUBA NO DONBURI

G

83 关东煮
ODEN

134 广岛烧
OKONOMIYAKI
(HIROSHIMA-YAKI)

124 咖喱牛肉面包
CURRY PAN

38 蛤蜊味噌汤
ASARI NO MISOSHIRU

H

167 海苔米饭
HIJIKI GOHAN

92 海鲜盖饭
KAISEN-DON

145 和风牛排
GYU STEEKI WAFU-SOSU

140 滑蛋牛肉片
GYUNIKU NO TAMAGO-TOJI

34 黄瓜佐辣味噌酱
MOROKYU

J

65 鸡肉三明治
CHICKEN KATSU SANDO

80 煎鸡肉串
YAKITORI (NEGIMA)

157 焦糖酱豆奶布丁
TONYU PURIN

56 酱油黄油烤扇贝
HOTATE NO GRILL

120 饺子
GYOZA

K

60 烤茄子配鲣鱼片
YAKI NASU

L

70 冷豆腐
HIYAYAKKO

28 冷荞麦面
ZARU SOBA

M

150 马斯卡彭最中
MASCARPONE NO MONAKA

183 毛豆冰沙
EDAMAME SHAKE

151 抹茶拿铁
MATCHA LATTE

149 抹茶刨冰
MATCHA KAKIGORI

73 牡蛎乌冬面
KAKI UDON

O

161 欧风 / 荷兰式茄子
NASU NO ORANDANI

P

130 蒲烧鳗鱼
UNAGI / ANAGO NO KABAYAKI

Q

111 青酱拉面
BASIL RAMEN

158 秋葵鸡肉沙拉
OKURA TO TORINIKU NO
SALADA

R

37 日式蔬菜咖喱
YASAI CURRY

154 肉末可乐饼
NIKU KOROKKE

S

189 三文鱼手卷
SAKE NO ONIGIRI

95 生姜沙丁鱼
IWASHI NO NITSUKE

42 手握寿司
NIGIRI SUSHI

66 蔬菜豆腐泥
YASAI NO SHIRAAE

87 蔬菜拉面
VEGE RAMEN

T

55 唐扬炸鸡
TORI NO KARAAGE

195 唐扬炸鸡盖饭
SALSA SOSU NO
KARAAGE DON

174 糖醋肉
SUBUTA

99 甜酱肉丸
NIKUDANGO NO ANKAKE

52 铜锣烧
DORAYAKI

103 土豆沙拉
POTETO SALADA

X

169 西京烧
SAKE NO SAIKYO YAKI

184 小龙虾汉堡
EBIKATSU BURGER

Y

153 烟熏蛋
KUNSEI TAMAGO

51 腌白菜
HAKUSAI NO TSUKEMONO

190 盐烤鲭鱼
SABA NO SHIOYAKI

178 柚子酱油炒扇贝和蟹
KANITO HOTATE NO
PONZU GAKE

41 玉米鱼饼
TOMOROKOSHI NO
SATSUMA-AGE

162 玉子烧
DASHIMAKI TAMAGO

Z

79 炸串
KUSHIKATSU

27 炸鸡排
CHICKEN KATSU

113 蘸面
TSUKEMEN

31 章鱼烧
TAKOYAKI

126 蒸包
NIKUMAN

96 芝麻拌菠菜
HORENSO NO GOMAAE

170 猪肉炒泡菜
BUTA KIMCHI

104 紫苏叶卷明太子天妇罗
MENTAIKO TO SHISO NO
TEMPURA

88 猪骨拉面
TONKOTSU RAMEN

图书在版编目(CIP)数据

街头拾味：东京超人气美食 / (德) 汤姆·范登堡 (Tom Vandenberghe) 等著；余盈译. —武汉：华中科技大学出版社, 2020.4
　　ISBN 978-7-5680-6047-9
　　Ⅰ.①街… Ⅱ.①汤…②余… Ⅲ.①风味小吃—东京 Ⅳ.①TS972.143

中国版本图书馆CIP数据核字(2020)第027040号

© 2015, Lannoo Publishers. For the original edition.
Original title: Tokyo Street Food. Translated from the English language
www.lannoo.com
© 2020, Huazhong University of Science and Technology Press (HUSTP).
For the Simplified Chinese edition

本作品简体中文版由比利时Lannoo出版社授权华中科技大学出版社有限责任公司在中华人民共和国境内 (但不包括香港、澳门和台湾地区) 出版、发行。
湖北省版权局著作权合同登记　图字：17-2019-079号

街头拾味 东京超人气美食
Jietou Shi Wei Dongjing Chaorenqi Meishi

[德] 汤姆·范登堡 [捷克] 卢克·蒂丝 著
[日] 涉谷美穗 [日] 梶朋子
余盈 译

出版发行：	华中科技大学出版社 (中国·武汉)	电　话：	(027) 81321913
	北京有书至美文化传媒有限公司		(010) 67326910-6023
出版人：	阮海洪		

责任编辑：	莽　昱　谭晰月
责任监印：	徐　露　郑红红　封面设计：邱　宏

制　作：	邱　宏
印　刷：	北京汇瑞嘉合文化发展有限公司
开　本：	787mm×1092mm　1/16
印　张：	13.5
字　数：	60千字
版　次：	2020年4月第1版第1次印刷
定　价：	89.00元

本书若有印装质量问题，请向出版社营销中心调换
全国免费服务热线：400-6679-118 竭诚为您服务
版权所有 侵权必究